Spiritual Culture
青心文化

在阅读中疗愈·在疗愈中成长
READING & HEALING & GROWING

全新修订本

零极限的
美好生活

ホ・オポノポノライフほんとうの
自分を取り戻し、豊かに生きる

［美］卡麦拉・拉斐洛维奇（Kamaile Rafaelovich）　著

龚婉如　译

中国青年出版社

图书在版编目（CIP）数据

零极限的美好生活 /（美）卡麦拉·拉斐洛维奇著；龚婉如译. -- 北京：中国青年出版社，2019.12（2024.7重印）

ISBN 978-7-5153-2822-5

I.①零… II.①卡…②龚… III.①人生哲学－通俗读物 IV.① B821-49

中国版本图书馆 CIP 数据核字（2019）第 267032 号

著作权合同登记号：01-2021-7071
HO-OPONOPONO LIFE
© Kamaile Rafaelovich 2011
Originally published in Japan in 2011 by Kodansha Ltd.
Chinese translation rights arranged with Serene Co., Ltd.
through TOHAN CORPORATION,TOKYO.
INFORMATION
<China>http://hooponopono-asia.org/tw/
<U.S.A>http://www.self-i-dentity-through-hooponopono.com
Taidan KR & Yoshimoto Banana HO`OPONOPONO TALK
Originally published in Japan by Kodansha Ltd., Japan in 2011 as a part of the book titled
"HO`OPONOPONO LIFE HONTO NO JIBUN WO TORIMODOSHI YUTAKA NI IKIRU"
Copyright © 2011 by KR & Banana Yoshimoto
All Rights Reserved
Simplified Chinese translation rights arranged with Banana Yoshimoto through ZIPANGO, S.L.

版权所有，翻印必究

零极限的美好生活

作　　者：[美]卡麦拉·拉斐洛维奇
译　　者：龚婉如
责任编辑：吕娜
书籍设计：瞿中华
出版发行：中国青年出版社
社　　址：北京市东城区东四十二条 21 号
网　　址：www.cyp.com.cn
经　　销：新华书店
印　　刷：山东新华印务有限公司
规　　格：787mm×1092mm　1/32
印　　张：7.5
字　　数：177 千字
版　　次：2020 年 5 月北京第 1 版
印　　次：2024 年 7 月山东第 5 次印刷
定　　价：69.00 元
如有印装质量问题，请凭购书发票与质检部联系调换
联系电话：010-57350337

价值观没有好与不好,
因为那既不是你所创造出来的东西,
也不是他们灌输而成的,
而是原本就存在于内在的记忆。
借由清理价值观,
你就可以获得自由与灵感。

正因为目前有想要解决的问题,
所以了解自己是很重要的。
我是谁?
就从了解自己究竟是什么开始……

荷欧波诺波诺回归自性法,意思就是「认识真正的自己」。

长得很漂亮的莫扎特(左)和英姿挺拔的惊奇小姐(右)

即使清理了这么长时间,还是有很多要努力的地方,例如住在附近的邻居。

但是，只要想到他们让我有了清理的机会就能够随时自然地以笑脸与对方打招呼了。

与家人在聊天中获得灵感所绘制而成的餐桌。

很多人以为记忆是不好的,
但记忆本来就存在于自己心里,
它能够重新出现在这里、
出现在我们的人生当中,
是很美好的一件事。

经济状况不好的时候，与孩子们一起将捡来的贝壳排在木板上，再请冲浪板店加工后制成的桌子，是我最珍爱的东西。

『要不要进行清理?』这是我被赋予的最佳选择。

没有人听不见内在小孩的声音，自己目前所体验的感情，就是内在小孩的声音。你听，现在是否也听见内在小孩的声音了？

工作时我总是像这样眺望窗外小鸟们洗澡的模样。为了在不管面临多么复杂的工作时都能想起大自然的韵律,我特意在窗户看得到的地方摆上可以让小鸟洗澡的水槽,其实这也是修·蓝博士的点子。

自由女神像。

只要你本身是爱,那么所有的事物都将会接纳你。

张开嘴、一身白色毛发的就是家族新成员奶油。

持续进行清理,灵感将会带领你走在人生的道路上。

现在每一个在你身边的人、每一件事物、所在的每一个地方,都给了我们放下记忆的机会。

KR女士与女儿、孙子、孙女。

与修·蓝博士在卡米哈米哈国王（King Kamehameha）铜像前合影。

要正视自己的内心。

目 录

前言　随时进行清理吧！　001
莫娜与我 1　008

第一章　奇遇开始 —— 001

清理带我走向真正的自己　002

19 岁开始清理后，生活朝向完美绽放　004

荷欧波诺波诺里的握拳　007

外文学不好时，我这么清理　009

第二章　期待 —— 013

借由清理得到灵感与行动，就会完美　014

清理后，幸福涌现　017

对年龄进行清理的好处　019

Q&A：如何成为充满魅力的女性？　022

第三章　人际关系 —— 025

借由爱看见彼此，而不是期待　026

只要你本身是爱，没有人是孤独的　030

经常陪在身边的人最需要清理　034

Q&A：如何改变与丈夫之间的关系？　036

第四章　金钱 —— 041

金钱、身体与灵性之间的关系　042

想要的东西这样清理　046

需要钱的时候这样做　049

第五章　工作 —— 055

重视办公室里的每个声音　056

职场上男性与女性的立场　059

如何决定该不该换工作？　062

第六章　自然 —— 065

学会倾听大自然的声音　066

尊重万事万物的存在　069

体验大自然之爱　071

第七章　土地与房子 —— 073

与土地之间的邂逅　074

装潢房子前先与房子对话　077

灵感所盖出的房子处处是惊喜　080

解放受伤的房子　082

清理土地的记忆　085

第八章　身体 —— 089

善待身体的最好办法　090

家人生病时，请说"我爱你"　092

荷欧波诺波诺的身体工作　096

感觉忧郁时，请听内在小孩的声音　098

别离是全新的开始　102

过去的愿望会不经意地实现　106

第九章　我的内在小孩 —— 109

改变生活形态的做法　110

不原谅别人，将会对自己造成伤害　112

借由清理记忆抚平心理创伤　115

与身边的人保持适当的距离　117

第十章　养育子女 —— 121

每天都以全新的心情面对孩子　122

让亲子关系往爱的方向发展　125

零极限的育儿法则　128

Q&A：如何教养孩子？　135

KR与吉本芭娜娜之零极限对谈　140

如何找回真正的自己？　142

如何清理身为女性的自觉？　146

持续清理却感觉不到变化时，该怎么做？　151

如何与物品、土地、植物相处？　155

为什么快乐很重要？　160

如何倾听并回应身体的声音？　163

如何从小事做起？　168

吉本芭娜娜　172

莫娜与我2　173

后记　透过清理发现真正的自己　176

案例分享　179

前言
随时进行清理吧!

阿啰哈!我的名字叫做卡麦拉·拉斐洛维奇(Kamaile Rafaelovich),你可以叫我 KR。我现在和两只爱犬住在夏威夷欧胡岛的丛林里。

自从 19 岁那年遇见莫娜·纳拉玛库·西蒙那[1]之后,我一直借由荷欧波诺波诺进行各种个人课程与身体工作。

"荷欧波诺波诺"是夏威夷自古以来流传的解决问题方法,简单地说,就是不仰赖任何人,可以自己一个人完成的"荷欧波诺波诺回归自性法"(Self I-dentity Through Ho'oponopono,简称为 SITH),在本书中简称为"荷欧波诺波诺"。在此,介绍一下什么是荷欧波诺波诺:

在我们的心里有三个自我,意识(尤哈尼,Uhane),为我们在日常生活中所认知的意识,是开始进行清理的部分。

对内在小孩来说，犹如母亲般的存在。潜意识（Unihipili，尤尼希皮里，也就是内在小孩）不只是幼小时期的创伤记忆，而是保管了这个世界诞生以来的有机物与无机物的所有记忆，并以感情与问题的方式重播、表现出来。清理的意识从尤哈尼传达到内在小孩时，会再连结到奥玛库阿。超意识（Aumakua，奥玛库阿），唯一能将内在小孩所传运而来的清理作用传达到神圣的存有（神性，也就是万物存在的源头。可以借由奥玛库阿所传达的清理，执行荷欧波诺波诺的程序，并消除记忆。在本书中也称为"宇宙"）。

其中，内在小孩（潜意识）内心里拥有跨越时代累积而来的庞大记忆。我们所遇到的问题与任何体验，都是因为这些庞大记忆在这个瞬间不断被重播的关系。而消除问题原因（也就是记忆）的动作称为"清理"。进行清理时需要几种不同的清理工具（清理的方法）。

例如"四句话"。当你体验到问题的时候，只要在心里默念："谢谢你，我爱你，对不起，请原谅。"即使无法说完四句，只念"我爱你"也没关系。其他还有一边触摸植物，一边说"冰蓝"（也是在心里默念）等许多清理方法。没有一定的规则,顺从自己当时的灵感,自由地使用自己想用的清理工具吧!

从基本的清理工具开始,我凭借着灵感找到了许多符合当时情境的清理工具。从开始制作这本书到完成的过程中,出现了两项清理工具,可以为所有和这本书相关的人(包含读者)、物品、场所与为这本书进行清理。在这里向大家介绍:

太阳爆炸的能量(Sun Burst)

当我们遇到很严重的问题、呈现忧郁状态时,简直就像站在悬崖边一样。这是一个让你在快要掉落悬崖前突破黑暗的工具。

请想象一下,当你就快要掉落之前,下方突然发出太阳爆炸的能量,将你从下往上推(如下图)。

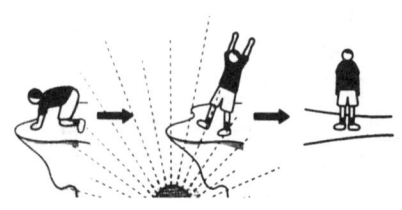

蓝色太阳水摇摇杯（Blue Solar Water Shaker）

请想象制作鸡尾酒时使用的摇摇杯。当你摇动摇摇杯的时候，不管何时何地，都会不停的冒出蓝色太阳水。

蓝色太阳水除了可以当作饮用水，还可以用来做饭、洗衣服、洗蔬菜、泡茶、浇花等，是一项日常生活中可以实际使用的清理工具。

做法：①准备一个蓝色的玻璃瓶，将水（自来水或矿泉

水皆可）灌入，盖上盖子（金属以外的材质，如软木塞、玻璃或塑胶等）。②照射日光灯三十分钟到一小时，若是在没有日光的夜间或没有窗户的室内空间，也可以用灯泡照射。③完成！

请想象一下，当你体验到任何问题时，自己先喝一口太阳水，接着再让与这个问题相关的人、物品、动物、土地、国家喝，也要清理受到痛苦所伤害的大地、因暴力而受苦的记忆。

这两项清理工具是我送给大家的礼物。如果你心中得到任何感应，请将它们应用于日常的清理之中。再重复一次，除此之外还有很多清理工具，像是"四句话"。你可以用当时最想使用的清理工具，让我们随时进行清理吧！

莫娜经常将荷欧波诺波诺比喻成自行车。她说，当我们想要解决问题时，就可以选择踏上自行车（也就是持续清理），不论何时都可以将开始实践荷欧波诺波诺当作解决问题的方法。不管任何场所或时间、有机物或无机物，这套方法都适用。

这本书主要谈论当你在日常生活中体验到问题时，应该

开始进行清理时,
"人"与"神圣的存有"之间发生作用

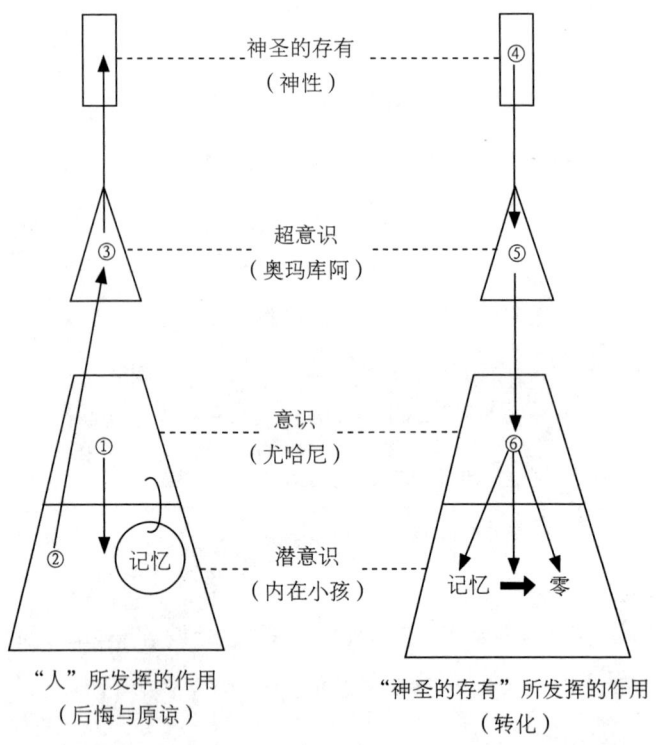

如何活用荷欧波诺波诺这套睿智的方法。首先,就从感受目前自己是活着的这个瞬间开始吧!在你阅读这本书的期间,在我们内心里的每一个瞬间都有无数个庞大记忆不停地被重播。阅读这本书的同时,希望大家都能坐上这辆名为荷欧波诺波诺的自行车,使用清理工具来进行练习。

愿平静与你同在。

---

[1] 莫娜·纳拉玛库·西蒙那(1913~1992年),夏威夷当地的传统治疗师(当地人称为"卡胡那·拉帕奥")。将古代荷欧波诺波诺发展成为"荷欧波诺波诺回归自性法",在医院、大学机关、联合国等地进行演讲与指导。她的成就于1983年获得夏威夷州议会推崇,她因此被选为"夏威夷州宝"。

莫娜与我 1

小时候,父亲曾带我参观美国东岸的战争遗迹。走在遗迹上,我发现心里出现一个景象:我的脚下是一片血海,里面有好多尸体,感觉好可怕。我眨了几次眼睛之后,眼前才又回到原本的景色。

当时我并不知道这究竟是什么,一直到我快 20 岁时,才知道当初体验到的事是我自己记忆的重播,还有自己可以怎么处理这件事。

1969 年,当时 19 岁的我突然有了想去夏威夷的念头,就像突然被吸尘器吸住了一样。等我回过神来,已经独自搭上飞机了。

现在想想应该还有其他的原因吧!但当时我就真的只是想去夏威夷而已。

到了檀香山市区之后,我先找到住宿的地方,在这里待了几天。有一天早上,在维基海滩散步时,有位女士从海滩的另一头迎面走来,对我说了一句话。

"你一定是来找什么人的,要不要跟我一起走?"

我回答:"好。"然后毫不犹豫地跟着她走。

在卡哈拉附近一间安静且整洁的房间里,那位女士静悄悄地坐在里面等着我。她就是莫娜·纳拉玛库·西蒙那。

"你是否正在学习某些心灵的东西?"莫娜首先温柔地问了我这个问题。

"没有。"我说。

"真的吗?"莫娜又问。

当时莫娜已经将古代荷欧波诺波诺整理成对万物更有效的方法,也就是荷欧波诺波诺回归自性法,所以她需要一个助理,协助她架构出完整的系统。

若想借由清理、依靠灵感架构出新的荷欧波诺波诺,就必须在零的状态下接收神圣的存有(神性)的声音,因此莫娜必须确认我心中是否已经有某些特定的知识。一直到现在,我仍然不知道她是怎么找到我的。这就是我们相遇的过程。

就这样，我开始和莫娜共度许多时光。我不知道为什么当时包含我自己在内的所有事物都运作得那么顺利，不过自从飞往夏威夷的瞬间开始，就已经决定要做这件事，没有任何疑惑或抗拒。

这或许是我第一次完全不抗拒宇宙的律动。一般来说，当我们选择某样东西、决定继续进行时，过去的后悔与心理创伤就会浮现出来，彷佛某件惊险的事情在一旁伺机而动。但当时这样的状况不曾发生，宽阔的道路就在眼前，彷佛把我吸了进去一样。等发现时，一切都好像本来就已存在那么自然。我想，这一切都是莫娜借由清理为我准备的。

第一章

奇遇开始

清理带我走向真正的自己

我总觉得，到达某一个目的地并不是我们来到这个世界上的目的；朝着某地向前走的旅行，才是我们的人生。对我来说，这个某地指的是零，也就是"真正的自己"。

自从第一次搭上带我回到真正自己的交通工具——荷欧波诺波诺，不知不觉已经过了几十年了。

一点一点地清理再清理，总之就是每天不停地清理。虽然目前仍然未抵达终点，但就是靠着每天不停的清理来度过人生。这就好比你很努力地用功读书，后来终于当上医生，但这并不是终点，而是当上医生之后将会体验到的东西。

尽管如此，如果你太过疲惫的话，就很可能会想："我已经不想去终点了，旅行好累，好想休息。"这个时候可以暂时先离开荷欧波诺波诺这项交通工具。

我们的心里随时都会有很多种选择，一旦有了"还是来试试荷欧波诺波诺吧！"的念头，就可以重新开始清理当下的"疲惫"。

如果动脑、用心让你感觉疲惫的话，清理工具蓝色太阳水、茶与植物将会带给你力量。

清理工具有很多种。首先大家可以创造一个适合自己与内在小孩的环境。

19岁开始清理后,生活朝向完美绽放

人的一生就像花苞绽放为花朵的过程。在花开之前,没有人知道它会变成什么形状。一开始并不会有终点,也尚未决定目的地。

某天,我们突然觉醒,从那一天起就开始借由"我"这个人遇见所有的事物,有了各种体验。

我在19岁时第一次接触荷欧波诺波诺,从那时起就持续进行清理的动作,但却不曾为了某种目的或未来而清理。因为清理同时会为我们开拓出新的道路,因此自己对未来做太多设定也是没有意义的。

我们在日常生活中可以学习到很多,像是生活环境、人际关系等,但说不定却可以借由清理当下,让几年后或明天的道路通往超越自己想象的地方。因为只要脑中的寄存记忆脱落,神圣的存有(也就是宇宙)就会为我们准备一条全新

的道路。

走在看不到目的地的全新道路上，或许令人感到不安，但这样的学习并非没有意义，而是借由清理每一项体验，让你的认识凭借灵感而存在，而非记忆。相反的，如果不清理当下的体验，你就会生活在记忆的重播之中，在不自觉中体验着不同形式的记忆重播。

但只要你进行清理，就能在对自己最完美的时间点，朝着最完美的方向开花结果。一旦感觉这个生存方式对自己或某人是不正确的，就使用荷欧波诺波诺清理这项体验。

为了放下这些记忆，内在小孩会以不同形式将它们显现给你。不管是多么聪明的人，都不会知道这是正确与否的，是你的记忆让你误以为自己知道，其实只有神圣的存有才知道。

当我们持续进行清理，就会自然地感觉到这件事。即使不强迫控制他人，或是不被他人控制，自己的人生也会慢慢的变得宽广。只要进行清理，在某一天回顾过去，应该就会发现眼前的风景和自己之前所看到的完全不同。

长期以来，我都生活在夏威夷的美丽丛林里。当我十几岁那年第一次降落在檀香山机场时，根本想象不到自己将来会过着这样的生活。就经济状况来看，也想不到竟可以盖一栋属于自己的房子。

最近，很幸运地获得了访问日本的机会，几年前我根本没有这样的计划。就这样，我的人生非常自由，且越来越宽广，完全不是由我自己的意志所控制。

不只是我，我最爱的家人也一样。当我进行清理，在内心找到平静时，身边的家人、朋友、环境与大自然也都会回归到最完美的状态。

荷欧波诺波诺里的握拳

当你希望愿望实现、努力得到想要的东西、靠着坚强意志完成某件事情的时候,假设这些都是你的动机,"这就是我选择的道路!"当你有这种强烈想法时,在荷欧波诺波诺里,就是握拳。当我们握拳时,灵感的流动就会被遮蔽,这时候最需要清理。

用消极或积极、好或不好来判断某件事情时,也是我们握拳的时候,而当我们感觉到"现在这样好幸福"般的绝顶幸福时,实际上,在内在小孩之中或许也开始发生一些变化了。

当然,感觉到"幸福"是一件很棒的事,但记得不能将这种感觉变成握拳,而遮蔽了清理的波纹。当你执着于某件事、感觉自己正在握拳时,就要清理这个体验。

一般人与内在小孩之间经常没有连结,因此并不真正了解什么是高兴、什么是愤怒。但这并不是件坏事,我们希望你可以针对"这个好棒!""这样糟透了!"的体验进行清理。

在这里将荷欧波诺波诺比喻成自行车来说明。任何人只要踏上自行车的踏板,就可以往前进。假设你一直往前骑,某天遇到了一件开心的事,此时你情绪高昂地大喊着"太棒了!"而停止继续踩踏板,结果自行车就停了,人也摔倒了。

因此,你必须用右脚踩着踏板前进,看到全新的景色(体验)时,接着用左脚踩踏板,以便为这个体验进行清理。接着再用右脚踩踏板,为现在发生的事情(体验)进行清理。像这样一直踏着自行车(持续清理),你的人生应该就会以不同的样貌与颜色呈现在你面前。不管什么时候,都希望大家可以坐上荷欧波诺波诺这辆自行车,成为可以随时接收灵感和柔软的自己。

外文学不好时，我这么清理

我被称为全球实践荷欧波诺波诺回归自性法最久的人，既然能持续 40 年以上进行清理，就表示我的心中有很多记忆是花 40 年也无法消除的。所以，并不是长时间清理的人，就拥有什么特殊的能力。

其实，我是在生完孩子之后才上大学的。当时选择了日语作为第二外国语，我非常认真地学习，很努力做功课与预习（当然也努力清理），但是却什么都记不住。我向莫娜请教原因，她告诉我："其实我们每个人都能理解所有不同的语言。"

我们现在出生在这个世界上，其实都不是第一次——伊贺列阿卡拉·修·蓝和我一直都这样告诉大家。我们虽然并非凭借意识而有知觉，但却曾经以各种人种或物体的形态存在于各个时代与国家中，因此潜意识里是能够理解各种语言的。莫娜告诉我,我之所以体验到这个问题,是因为内心里的记忆在重播。

我们马上对这件事进行清理,莫娜说:"日本阿伊努时代发生了什么事呢?"她还说:"我不知道你、我或其他任何人有过什么关联,但是如果我们在这个当下没有针对当时发生的事情进行清理,日本、与日本相关的所有事物,还有日语这条道路,都不会让我们通往那里。"虽然不知道原因,我仍开启了内心与阿伊努之间的记忆,还有日本与日语、现在的我的体验,并仔细地进行清理。

于是我想:"虽然现在我是美国人,但却不知道以前的我是什么样的人。可是现在因为某种意义使内在小孩让我体验日语,所以给了我一个机会,让我得以清理知性无法理解的东西。"基于这样的立场,让我持续对各种陆续浮现的事物进行清理。

就这样过了几十年,现在我有机会每天与日本民众一起进行清理,在进行个别课程或演讲时,当然有翻译在旁协助,不过清理的时候却从来不会因为语言而受到阻碍。

虽然听不懂详细内容,但只要旁边有人在笑,那股有趣的感觉就会传达给我,让我经常忍不住大笑,也让身边的人觉得惊讶。他们会问:"你听得懂我们刚才在说什么吗?"我回答:"是的!"大家又开心地笑了。

在个别课程中经常有人问我:"我没有天分,所以不管再怎么努力都学不好英文。""我希望自己活跃在全世界,所以想要学会英文。"不要忘了,我们并不是为了学会语言而进行清理,也不是为了比较会背诵而进行清理。

"到底是内心的什么要我学会外语呢?""为什么不让我学好外语呢?""他希望我出国吗?"像这样把自己体验到的想法、看法、情感,仔细地进行清理,那么心中的石头就会一个一个被移除,即可清理问题最根本需要解决的部分。内在小孩就是借由"想要学会外语"这个体验,来告诉我们有些记忆需要进行清理。

除了学习语言,努力用功希望获得好成绩、想通过某项检定也是一样的。我们绝对不是为了获得某样东西而进行清理,而是为了进行清理而读书、通过检定,为了清理而进入好学校。

对意识来说,会以为目前这个体验才是人生最重要的目的，这也是无可厚非的。就连我也是花了几十年的时间，才在不知不觉中自然地掌握到清理的节奏。没有必要这样强迫自己控制情绪，认为"都是为了清理"！不过，就是在这种积极想获得某样东西的时候，更是可以借由进行清理向我们的灵感学习。

当我们处于归零的状态下进行某项事物，每一项获得的东西与学习的东西，都像是宇宙送的礼物一样，会化为灵感传送到我们面前。而在你持续进行清理时，它们也会降落到最适合自己的地方。

第二章 期待

借由清理得到灵感与行动,就会完美

世上有很多种生活方式,例如生活在城市中、大自然中……其中,有人吃素、有人遵从无农药主义、拒绝一切化学物质,有人是因为强烈的意志力而过着这样的生活,有人则是逼不得已。

举例来说,有人住在被高楼大厦包围的城市之中,却憧憬着沉浸在大自然中的生活,那么就必须先清理这个想法;接着,如果体验到自己因为工作的关系而无法搬到乡下去的想法,就再针对这一点进行清理。一直进行清理的过程中,可能会突然得到"来更换房间壁纸的颜色好了"的灵感,也可能会找到适合放在房间里的植物或海报,又或许可以透过假期中造访的地点获得充分的休息。对某些人来说,这些都是表面的解决方法,但只要凭借着清理所得到的灵感行动,得到的结果就会比花费金钱与时间所获得的任何东西更完美。

正确答案并不存在于意识之中,借由清理的动作,会在每一个瞬间为自己的生活带来改变。如果能针对"想住在别的地方"这个体验进行清理,或许就能放下"在城市生活是错误的"这个想法。

我们现在身处的地方就是最适合自己、最好的地方。或许有些人觉得不满,但也正因为有东西需要清理,你才会在这里,做着某些事情、和某些人有所关联。只要继续清理你所处的地方、所感受到的想法与体验,自然会开启下一条道路。

每进行一项清理,就会开启一扇门,并且遇到各种不同的可能性。这趟旅程会一直持续下去。虽然执着可能会让你感觉沿途看到一样的风景,但每一个瞬间我们都会进行选择,并开启不同的门,端看你是选择"清理"或是重播"记忆"。

之前住在远方的儿子与媳妇曾问我要不要一起去纽约旅行,虽然很高兴他们邀请了我,但却又犹豫,不知道车会不会太多太挤、我不喜欢逛街会不会害大家逛得不尽兴等,各种情绪不断地涌出，于是我只好先清理这些情绪，在答应他们之后再继续清理。

越接近出发的日子，我发现自己越不想离开位于夏威夷这栋安静、舒适的房子，感情用事到了几乎想要落泪的地步。我对自己心里居然有这么深的执着感到惊讶，一方面开始进行清理，让心里对家的记忆开始慢慢剥离，感觉到我的家似乎变得非常轻松；另一方面打从心底感谢儿子与媳妇给我这个清理的机会，接着便出发前往纽约。

那段旅行非常开心。去了很棒的美术馆，发现了非常美味的披萨店，最重要的是，纽约行给了我许多进行清理的机会。因为媳妇知道我平常休假时喜欢爬山、溯溪，所以看到我愉快地走在纽约街头，她似乎也非常开心。

什么是正确的、什么是错误的，这些都不重要，重要的是我知道自己借由家族旅行这件事，了解到自己所拥有的一切是多么完美。

清理后,幸福涌现

对我来说,当感觉到"我好幸福"的时候,就是感受到内在小孩与我之间的联系,也就是"真正的自己"的时候,因为这会让我感觉到自己的存在与喜悦。即使发生不愉快的事,也可以借由清理与内在小孩交流,找回和真正的自己之间的平衡,让我感到十分幸福。

我住的地方非常偏僻,偏僻到连汽车的卫星导航都找不到,就连外面的道路也仅供一辆汽车勉强通过,但开车出门时又必须走这条路。所以每当我赶时间,而对向车道又有车辆出现时,就会忍不住想说:"你怎么开的?快点后退!"

这条路有时会让我觉得焦躁,但只要当下立刻进行清理,我就会主动让路给对方先走。

这样一来,可能会发现之前没注意过的美丽花朵;会想到就是因为有这条小路,才会有这个我这么喜欢的环境,而充满感谢之意;会感受到一股自然的流动穿过直流的空气……

对我来说,这就是幸福。

只要接受这种不可逆的状态,就可以在进行清理的同时,使自己的状态处于下一波出现的浪潮之中。不需要勉强压抑自己的情感,而是借由清理,使自己进入可以随着那股新浪潮的状态。

对我来说,那就是创造性与平静存在的重要瞬间。

对年龄进行清理的好处

当我进行个别课程或身体工作的时候,一定会先询问客户的出生年月日与年龄。有些人会马上把自己的年龄告诉我,也有些人会问为什么,而我之所以会这么问,其实是为了清理。

假设有一个人过去曾经是人类、动物、树木或建筑物,但是不管他重生几次,却都有在 50 岁左右被杀、失去生命、损坏的记忆,那么就算这个人的意识没有觉察,但他的内在小孩却会打从心底对接近 50 岁这件事感到恐惧,让他害怕又会被杀、被破坏、发生争执。怀抱着恐惧的内在小孩会重播记忆,不断地以不同的方式让意识看见这些体验,所以必须进行清理。

但是我们再次体验之前,可以先清理现在的"年龄",好事先消除记忆。像我就经常尽可能地针对身边人的年龄,以及建筑物的年份进行清理。另外，大家都会对年龄抱着某些期待，例如几岁之前要达到某个目标、几岁之前要结婚、几岁之前年收入要达到多少等。这些期待会使内在小孩受伤，让我们与"真正的自己"越来越远，无法接收灵感。

对待小孩也是一样。"这孩子已经快十岁了，却还不会做这些算数。""已经二十多岁了，还住在家里。""都三十多岁了，还找不到结婚对象。"做父母的经常会因为小孩的年龄而对很多事情感到恐惧与不安，但这些其实都是记忆的重播。因为不知道内在小孩的内心发生了什么事，所以只要首先对自己，接着对与自己相关的人或物品的年龄进行清理，就可以为对方整理出当时最完美的状态。

任何时候都别忘了先为自己现在的年龄进行清理。就好比与多年的朋友聊天时，常常会聊起从前的事，像是"那时候好年轻哦！""如果那时候这么做的话，现在的人生一定会更美好"之类的话，这些体验也是进行清理的好机会。回想起过去的事情，也是目前这个瞬间的体验，如果能消除残留于潜意识深处的记忆，对目前自己最好的东西就会转为灵感降临在我们身上。

因为"时间"是我们在这个瞬间所体验到的，如果可以借由清理而与这个"时间"相处，不管何时我们都可以成为真正的自己，不管与什么年纪的人相处，都可以表现出真正的自己。

看电视的时候，有时候会因为年轻人说出我无法理解的话而感到惊讶，此时我不会只说"时代真的变了"，而会把它当成一个绝佳的机会来进行清理。

因为我们生活在这个时代，所以如果有机会看见或听见走在时代尖端的年轻人所说的话、所做的事，我就会把它当作自己心中记忆的重播，并且透过荷欧波诺波诺来接受这些事物。

由于内在小孩在这个瞬间里，会将自己在某个时代的体验，以不同的形式展现在我们面前，所以我便在这个瞬间集中精神进行清理。不要执着于过去，借由清理当下，将记忆消除，由灵感来决定这个瞬间自己的生存方式。

一路走来，我已经针对自己的年龄进行了许多次清理。今天早上站在镜子前，又发现一条皱纹时，也进行了清理。（笑）

Q&A：如何成为充满魅力的女性？

Q：为了成为一个充满自信的女性，我想让自己更有魅力。杂志与电视节目里介绍了许多可以变得更有魅力的方法，但却不知道哪种方法最适合我。

A：我们的灵魂依附在这个身体里，出生于地球之上，体验着各种不同事物，像是最新的妆容、发型、流行的服饰或说话方式，甚至是最新的投资增值方法、寻找合作伙伴的方法等，不管你有没有亲自执行，只要知道了这些资讯，就是你自己的体验。

在荷欧波诺波诺里，这些体验，也就是遇到的人、物品、资讯、流行等都是记忆的重播，所以要先清理这些体验。我都是先进行清理，再看杂志或电视。先进行自己心里认为应该做的事，之后会想："不知道自己适不适合这种洋装？"然后再去买东西。

东西也有真实自性，并不只是单纯让人买走而已。即使是相同形状的商品，你与其相遇的时间点和方法，也会因为物品的不同而不同。卖场里有些商品希望待久一点，也有些商品等着你的到来。只要身处于进行清理的状态，即使在无意识的情况下，你也会自然地在神圣的存有之下，采取正确的行动，这就是"真正的自己"。透过真正的自己所接触到的物品或资讯，都会以原本的完美状态提供给你最适合的东西。

荷欧波诺波诺回归自性法就是回到"真正的自己"，因为"真正的自己"了解宇宙的法则，因此会在最适合自己的时间点、选择最适合的事物，所以即使不用太过努力增加自己的魅力，你应该也会过得自信满满。

因此，如果你不知道什么对自己是最好的，不妨多进行几次清理，再重新看一次杂志，或许就会看到不同的灵感。即使这对大部分的人来说是好的，但却不一定适合自己。社会景气也一样。如果社会不景气，就不需要成为其中的一分子。

受伤或生病的时候，并不是只要到医院去，医生就自动会来帮我们诊疗,而是必须先清理记忆中某个营造出到医院的状态这件事的东西,之后再到医院去,这么一来,就会遇到正确的医院、医生和药物了。

不管何时、不论何地,都要记得清理喔!

第三章

人际关系

借由爱看见彼此,而不是期待

男人应该养女人。

女人应该结婚、生子。

和贫穷的男人结婚,会变得不幸。

身边的情侣看起来比我幸福。

反正只有漂亮的女性和有钱的男性才有异性缘。

偷情的男人最差劲。

如果你心里赞同上述的句子,那么就可以从那个地方进行清理。一旦开始谈恋爱,我们就会开始对恋爱观与幸福下定义,也会有很多期待,所以必须一项一项进行清理。

为什么要清理呢?因为不管做什么,我们都希望维持归零、纯真的状态。零的状态就是没有记忆的状态。如果不进行清理,只以自己对这些事物的期待与价值观来看待或解释自己与恋人,那么问题就会一直出现。说得更清楚一点,恋人只是将你所拥有的记忆表现出来罢了。

与恋人体验到某些问题时,我们可以在心里找到许多借口与理由,例如"因为自己没有魅力""因为对方的成长环境""我要去可以遇见更好的人的地方""因为年龄的关系"等。结果不管你选择哪个结论,也只是改变了遇见的人或发生的事情,但还是会体验到相同的问题。

这么说虽然可能不够具体,但如果你的先生是一个不肯工作、出轨、到处借钱的人,造成这些事情发生的原因,可能是几百年前你曾经把先生当成奴隶使唤。即使不知道真正的原因,但现在你所遇到的人,都是过去和你有某种缘分的人。在荷欧波诺波诺里,"缘分"不好也不坏,而是你必须加以清理的东西。因为有某件事情必须消化,才会在这个瞬间有了这样的连结,所以要进行清理。为了使自己和对方都归零,为了以"爱"和对方往来,因此要进行清理。只要一项一项清理自己的记忆,就能消除问题原因所在的记忆,让对方不会引发问题,而且彼此都能从灵感发起新的行动。

由于彼此都戴着"期待"的眼镜看对方,而无法展现原本完美的样子,也因此不用强迫对方"看着真正的我!"并强调对方摘下眼镜。只要拿下自己的眼镜，一切都会变得不一样；只要你展现真正的自己，对方也会自然展现出真正的姿态。借由"爱"，可以让彼此看到对方，而不是期待、执着与憎恨。

和喜欢的对象一起出去吃饭时，如果抱着期待来看待对方、与对方交谈的话，会怎么样呢？对方会觉得很累，而且也会以相同的期待来看待你。

结果因为我们共同拥有记忆，当自己心中重播名为期待的记忆时，对方的心中也一样会重播记忆。所以当你一旦发现期待的讯号时，就要开始进行清理，这一点很重要。希望大家不要误解，记忆并不是不好的东西，也不要觉得自己重播记忆是不好的。清理记忆可以让自己归零，为了达到这个目的，才会将这些必要的东西交到我们手上。

只要当下针对体验到的问题进行清理，就可以善加利用这些时间，并且以原本的样貌面对彼此。能让我们显现出原本样貌的人是非常棒的，虽然这段关系可能是普通朋友，也可能会为你带来一个很大的工作机会，如果只是想着"这个人居然是我的恋爱对象！"或"这个人明明是我丈夫！"那么就会看不见对方了。不管是恋爱关系、亲子关系或朋友关系，人际关系基本上都是由构成"我"的三个自我开始的。自己（尤哈尼）会照顾内在小孩，而当两者紧握双手时，就会和奥玛库阿（超意识）产生连结，然后神性（神圣的存有）就会从灵感获得爱。

只要在自己心里进行这件事（荷欧波诺波诺）即可。只要心里这三个自我真正和平相处，就会创造出最佳的人际关系。

当你这么做之后，恋人、家人、朋友与同事也会开始进行清理；街道、房屋、马路、公司、大地也会倾听你的声音，并且开始爱你。爱灵感本身，也就是"真正的你"。

只要你本身是爱，没有人是孤独的

许多人都期待恋爱、结婚、养儿育女，即使受了伤，经过调养后还是会再度期待。借由荷欧波诺波诺，我学习到对于恋爱、结婚、养儿育女来说，最重要的就是自己对于当时重播的记忆要负百分之百的责任。自己当时体验到了什么样的恋人或先生、在养儿育女的过程体验到了什么、透过先生这个人感受到了什么，这些都不是别人的责任，而是必须在自己心里持续清理的。对于清理，我们必须抱有诚意，因为光是期待，愿望是不会实现的。即使表面上有某件事情实现了，你或你的小孩、恋人、丈夫、家庭也会在某个地方发出哀嚎。这么一来，就不可能以真正的自己继续活下去。

孤单与孤独并不存在于自己的外在。即使生活中会遇到许多人，或是生长在大家族之中，如果不与内在小孩紧握双手，"孤单"的记忆就会持续重播。但是若能持续进行清理，在家庭里的关系，与另一半的关系就会成功。再重复一次，重要的并不是谁最早感受到这一点，而是每一个瞬间都进行清理，不是只清理某个项目。

如果在那个瞬间错过了眼前稍纵即逝的东西（不论那是什么），说不定这辈子再也不会遇到了。"说不定这就是家人生病原因的记忆，但也或许一点关系也没有。"当你这么想的时候，这个东西就消失远去了。因此将眼前出现的东西一项一项进行清理是很重要的。家庭中到处都是进行清理的机会，所有到目前为止累积的东西，都会以各种形式展现出来。

近几年，有越来越多的女性非常介意年龄，并且对结婚、生孩子感到焦虑。对当事人来说，或许有某些无法一语道尽的情感、过去的体验或感情的创伤。结果就会以自己最终的目标，也就是结婚生子表现出来。如果希望从结婚生子中追求"幸福"，就必须退一步重新审视"真正的自己"究竟是什么，这就是荷欧波诺波诺。"幸福"并不是到某个地方就可以找得到的，而是当你回到"真正的自己"时，心里就已经存在的状态。

首先，针对为了获得幸福必须得到的东西、希望的立场或想要的结果进行清理。在这期间，内在小孩应该就会发现原因所在。内在小孩会让我们看到许多事情，例如嫉妒最近结婚的好友、因为父母担心自己而产生的压力、对媒体资讯的不安、昨天搭电车时看到的某个场景等。而意识（也就是自己）可以做到的，就是不要抗拒或分析，并且逐一清理。这么一来，即使原本你强烈希望有小孩，并且认为这是人生最大的目标，那么这个体验的根本原因，也就是记忆，就会从你的心中剥离，得以进行最大的清理，然后适合你的事情就会发生。大家不妨先试一次看看。

我们生存的目的并非结婚、生子或获得较高的社会地位，而是对目前走过的人生一一进行清理，并借由这样的累积，将自己寄托于神圣的存有之中。相反的，如果蒙蔽自己的双眼，看不见社会价值观的话，总有一天还是会再遇到一样的烦恼。当你的双眼被蒙蔽时，所看到的愿望与希望都只是记忆的重播罢了。假设你认为人生最大的目的就是在公司步步高升，但即使你朝着这个目标持续人生这趟旅程，到达目的地之后所看到的风景，或许也会完全不同。因为"目的地"也是记忆的重播,某天或许还会变成不同的样貌,带领你开始另一段寻梦之旅。

我们通常会让自己成为自己的俘虏,所以经常会有"变瘦就能幸福""进入好公司才能获得家人的认同""要结婚才会安心"这种"只要我……的话,就可以……"的想法,而将自己套上不自由的枷锁。但我们本来就是完美的存在,只要自己处于零的状态,就能随时拥有充满灵感、和平且富足的生活。

只要持续进行清理,就能获得灵感,并继续往后的人生。获得某样东西并不是人生的精彩之处,只要你心中充满灵感,或许某天早上倒垃圾的瞬间也能体验到这个世界最大的富足。

不要让你的人生受到记忆束缚,只要借由进行清理而取得灵感,就会变得柔软、有适应能力,可以接受变化,体验到更多美好的事物。而所有这些都会转变成爱出现在你的面前。只要你本身是爱,不管是人或大自然,所有事物都会接受你。在神圣的存有面前,孤单是不存在的。

经常陪在身边的人最需要清理

假设你现在有一位共同生活的丈夫。

你和丈夫在这辈子相遇,事实上,这并不是你们第一次相遇。不只家人,就连朋友、恋人、同事也一样。

如果现在你和某人的关系发生了一些问题,即使你变得感情用事,那么这样的体验在过去应该已经发生过几千次、几万次了。这是因为你们在之前所发生的各种体验没有被消化的状态下出生了,结果这些体验改变了形状与场景,化为目前所发生的问题,使你们再次体验。

不管把责任推卸给谁,这些体验仍会继续发生,所以即使在这里停止也没有意义。如果问题出在丈夫身上,那么掐死他就解决了!(笑)但是,荷欧波诺波诺并不是这样的。你因为与丈夫之间的问题所体验到的情感与思考,才是清理记忆的关键所在,所以不管何时都必须着眼于此。

在你们两人过去的关系中，或许只是你自己不好，或许更早之前你们是亲子关系，不过你并不需要知道过去两人是怎么样的关系，因为你们在这辈子已经又再次相遇。当然，人都有憎恨、喜好的情绪，但记住，不管何时都要想起这件事，并且进行清理。

虽然我不知道过去曾经和这个人发生了什么事，所以成为现在的样子，但只要一直重复"对不起，请原谅，我爱你，谢谢你"，不管有没有用心，都一直进行清理，直到心情平静，明天、后天也同样持续清理。不可思议地，大多数的事情就会平静下来，可能会进化为让自己惊讶不已的关系，或是自然而然地消失。无论如何变化，都会让你们彼此变得更自由。

莫娜经常说："越是经常陪在自己身边的人，就越是必须进行清理。"我们的家人、恋人、好友，以及所有现在在你身边的人、物品、地方，都会赋予你放下记忆的机会。在你转移目光之前，先进行清理吧！忍耐到假装忘记之前，先进行清理吧！因为说不定这是最后一次可以对记忆放手的机会了。只要对彼此之间的关系不抱持任何记忆，喜欢或厌恶的记忆就不会再重播。

Q&A：如何改变与丈夫之间的关系？

Q：目前我正身陷于丈夫的家暴之中，虽然丈夫与我都持续进行许多清理，但却没有任何改变，该怎么办？

A：在荷欧波诺波诺之中，并不是只要清理，其他的什么都不用做。如果需要离家的话，就离家；需要报警的话，就报警。不能只是进行清理，其他统统交给神圣的存有，而自己什么都不做，这样是不对的。

不只是进行清理而已，还要清理每一件体验到的事物，并累积这样的过程，才算完成。无论是精神上或生理上，随时都要把自己放在最重要的地方。

如果你清理完恐惧之后决定离家，但又害怕离家之后无法生存，可能会体验到不安，此时就必须清理这个想法。如果想找朋友商量受到丈夫虐待这件事，我会在商量之前先清理那个朋友的姓名与年龄。唯有靠自己去清理每一个瞬间，才能将自己寄托于神圣的存有里。

开车时我会系上安全带,遇到红灯时会停车。有一次,我与某个人的关系让我感觉到有必要通知警察,于是我就报警了。从这段过程的开始到结束,我只是针对每一个瞬间进行清理,就连现在当我体验到自己回想起这件事的时候,我也进行清理。

当家庭中发生暴力时,对房子的伤害是很大的。或许我们居住在这栋房子之前,这栋房子(土地)就已经有过受虐的体验,而房子在没有治愈的状况下,就会重新表现出痛苦与恐惧。所以,房子是很重要的。使用蓝色太阳水进行扫除,与它说话并进行清理也很重要。我们是为了清除房子与我们之间的记忆,才会住在目前这栋房子里。

曾经有人为爱犬的疾病而烦恼,但在他持续对房子进行清理之后,爱犬的病症就突然一扫而空。不管是什么原因导致这个问题,意识是不会知道原因的,因此发自内心的对房子进行清理是很有意义的。

除此之外,大家是否曾经在电视新闻或电影里看到暴力画面后,心里受到震撼而哭泣,变得感情用事?我平常很少看电视,偶尔会看到这样的画面,其实也是记忆的重播。这时不能光想着不要继续看了,只是把电视关掉,应该还要清理这个体验。因为当你将这些暴力体验当作自己心中既存的记忆来进行清理之后,或许能避免将来自己接受或给予他人语言或肢体上的暴力。

在荷欧波诺波诺里,"自己以外"是不存在的。所有的原因都在自己,也就是记忆。清理之后,不能只是等待对方改变,自己本身也要不停地进化,因此可以获得灵感,持续往下一个阶段迈进。

假设在目前这个瞬间,眼前出现了一个对自己来说是敌人或盟友的人,当然如果是敌人的话,他就会做出对我们不利的事情,不过荷欧波诺波诺告诉我们,真正的原因还是在我们的内心。可能在这个人生开始之前,自己曾经迫害过对方。虽然不知道确切的原因,但是这辈子我们再次相遇,有了给彼此放手的机会。"Peace begins with me"也就是"平静与我同在"。

修·蓝博士经常引用耶稣基督说过的话——爱你的敌人。这里所说的敌人,指的不是对你施加暴力的丈夫,而是这个体验的原因，也就是记忆。

一直未受到清理、持续重播的记忆透过内在小孩再一次出现，让我们有了放手的机会，要不要进行清理，决定权在你手上。

你没有必要强迫自己爱那个动手打你的人，也不需要等待对方改变。首先要爱护自己，可以去做需要做的事。在这段时间，荷欧波诺波诺会陪在你身边，让你得以进行清理。消除记忆才是"爱你的敌人"的真正涵义，这是我从莫娜身上学到的。

愿平静与你同在

第四章

金钱

金钱、身体与灵性之间的关系

莫娜是个十分温柔却又严厉的人,在她担任卡胡那(夏威夷治疗师)的时候,来自世界各国的许多人都来向她请教,其中包括从事灵性工作、进行静心特训、超能力者等各式各样的人。其他像是职业高尔夫球冠军、杰奎琳·肯尼迪、知名演员理查德·张伯伦以及知名企业家戴尔都曾经来找过她。

不管来的是什么人,莫娜都会透过清理、集中精神来注视对方的意识与潜意识之间的平衡,这也是荷欧波诺波诺的基础。而另一个基础则是"灵魂、经济、身体"三者之间的平衡。有些人的意志特别坚强,例如"即使花光积蓄也要静心""为了活得更有灵性,应该抛弃一切世俗""金钱是最重要的,身体其次",此时进行清理就必须特别在意。

我们都是以这个身体、这个灵魂出生于这个时代之中,因此最重要的是要确保身体与灵魂的安全。这是我们从出生的那一瞬间起，最美好的工作之一。在这个基础之上，针对借由这个身体所遇到、体验到的事物进行清理，就是生存的最大目的。

进行灵性活动时，我们的身体会受到强烈的影响，因此为了保护支持我们行动的身体，经济条件是必须的。若只是为了解除经济压力而从事灵性活动，这样是不正确的，因为灵性绝非逃避现实的工具。

对经济负责

对这个身体负责

对自己的灵魂（灵性）负责

不论何时，这三点都应该并列，且缺一不可，否则任何事情都无法顺利运作。如果为了灵性活动而压抑情感、牺牲工作或家人，都是蒙蔽现实、忽略内在小孩的做法，这样的行为是不对的。

相反的，如果这三点能取得平衡，那么自己心中的灵性就会逐渐开放。取得"金钱""身体""灵性"三者之间的平衡，并进行清理之后，不管你想成为僧侣、音乐家或公务员，都能获得灵感，自然地向前进，身边的人也不会因此而感到悲伤或痛苦。若能在三者之间取得平衡的状态下进行清理，许多人因此顺利将小公司发展为大企业、晋升为董事长，经济上也变得稳定。我们更希望经济上有困难的人能了解一件事：当心中灵性的部分与身体受到重视，并持续进行每一瞬间的清理，就能精准的接受神圣的存有所赋予我们的东西。

灵性的感应绝非可以透视过去与未来的特殊力量，而是使我们发现自己本来就拥有某样东西的力量。因为感应得到灵性的人与内在小孩有所联系，因此可以获得威望，得以使经济（社会）这个真实自性与自己本身处于协调。

"金钱"原本就是具有灵魂的神圣存有，那些为金钱而烦恼的人，大多是曾经因为金钱而受到创伤。可能曾经因为金钱而离婚、与好友吵架、被人抢夺过财产或在几百年前因为金钱而被杀害。虽然我们不知道曾经发生过什么，但为了放下这些记忆，内在小孩才会在这个瞬间借由金钱问题让我们看到这些。

与金钱扯上关系时，你都抱着什么想法呢？不堪、不够、有钱人是坏人、麻烦、罪恶感、满足感、自卑感……只要针对自己平常使用金钱时的体验一一进行清理,相信你与金钱的关系就会越来越自由,也可以恢复到原本完美的状态。

我们常常有很多机会可以为金钱进行清理,例如得到某样想要的东西、发薪水、付房费、每天的购物行程、去银行、看到存折余款、与有钱的朋友聊天、想起自己小时候父母为了金钱奔波等,这表示内在小孩心里一直以来都存在着记忆。

"想要得到宇宙为你准备的东西,就必须将这些厚重的记忆一个一个清理干净。"几十年前当我经济困顿时,莫娜曾经对我这么说过。现在回想起来,这段文字虽然简单,却是支持我、为我带来变化的一句话。它让我知道,即使自己没有钱、没有自信却还有我可以马上做到且做好的事情。

想要的东西这样清理

孩子刚出生时,我的经济状况非常不稳定。因为我是单亲妈妈,不知道其他正常家庭的状况如何,所以并没有与他人比较的痛苦。不过当然也会有想要或需要的东西,对当时的我来说,那就是车子。

我曾带着小孩去看二手车,当知道自己买不起车、不得不放弃时,心中不禁出现了悲伤的情绪。那时我已开始学习荷欧波诺波诺,所以就在悲伤的体验之中开始进行清理。因此我没有沉溺于悲伤,反而自由的悠游于悲伤之中。

一天又一天,我持续体验着悲伤,但也同时进行清理。不需要强迫自己走出悲伤或是思考其他事情,只要重复说着四句话,在孩子们都睡了之后,慢慢进行"HA"呼吸法[1],以自己觉得轻松的方法持续进行清理。而当我期待自己进行清理以消除悲伤的情绪时,就会再针对这个体验进行清理。不知不觉的,当看不见那个体验时,我接到了住在美国的父亲打来的电话。

"你想要车吗?"父亲说。

"想啊!"我马上回答。

"那我寄过去给你。"结果父亲真的为我送来一部车。那是祖母新买的车,一部几乎全新的丰田汽车。因为旧车比较好开,所以父亲一直犹豫要不要把新车卖掉。

我在车里装满孩子们的婴儿车与行李,并且开车载他们到各个海滩兜风,还有开车去上班。拜访客户时再也不用留意公车的发车时间,每天可以安排更多的个别课程与身体工作。因为进行清理,我获得了一部车;因为进行清理,我的生活变得更充实。

当我们紧握拳头、拼命想得到某样东西时,这些都是记忆的重播,而不是灵感。即使费尽千辛万苦得到了,也会因为这不是我们灵魂想要的,所以无法获得满足,并发挥其最大的作用。但如果进行清理,就可以让紧握的拳头放松并产生空隙,而获得灵感,也就是最适合的东西。这也是许多实践荷欧波诺波诺的人与我们分享的体验。

我高兴地把这件事告诉莫娜。

"因为你进行了清理,所以(车子)就在正确的时间、以正确的状态出现在你面前。"莫娜又说:"如果你没有进行清理,而更早地得到车子的话,说不定就会发生大问题了。"

莫娜经常告诉我们,意识,也就是我们自己,不会知道什么时候是最佳时间点、什么才是正确的,因此在开这辆车之前,我便对心中对这辆车既有的记忆进行清理。

首先将获得车子的喜悦、车子的形状与颜色、车子的品牌、车号、保险号码等所有出现的事物一一进行清理,过程中就会得知车子本身的新名字。此外,在开车之前、开车途中,当我想起这件事时,就用这个名字和它说话,一边持续进行清理。

后来这辆车陪伴我超过了 15 年。虽然我不太会开车,但是它仍然是我最爱的车,而且它也不曾发生过任何事故或问题,非常尽责。我非常喜欢这部车,所以转手时非常难过,因为这部车给了我很多进行清理的机会,一直到最后一刻。

需要钱的时候这样做

好想要钱、想赚大钱、钱不够花……这些都是大家共有的记忆。在此，向大家介绍一些对于金钱最基本的清理，还有我目前所实行的方法。首先，请将下面的事项写在纸上：

收入来源

公司名称（如果你是家庭主妇，请写上丈夫的公司）

公司地址

公司负责人姓名

与公司往来的银行名称

自己的银行账号

各种税金

薪水

发薪水的日期（如果你是公司经营者，请写上放款日）

自己的职位

水电费账单

自己目前对金钱的看法

与自己相关的货币（如人民币、美元、欧元等）

认为自己是怎么运用金钱的（如很随便、浪费等）

记账簿（如果有的话）

（其他想得到的事项都尽量写上）

将这些事情写在纸上后，我会一项一项仔细地进行清理，也可以将从每一个文字里冒出来的想法或体验写在纸上。

例如，写下每个月的薪水后，想起了当初打工时的店长，就把店长的名字写下来；写下银行名称后，想起以前经济泡沫时的事情，就把这些事也写下来。

就这样将内在小孩让我们体验到的记忆自由地写下来，直到自己心里感到平静为止。写得差不多之后，接着用自己喜欢的清理工具，一项一项进行清理。不管要用哪一种工具、要花多少时间都可以自行决定。

清理金钱时，我经常使用带有橡皮擦的铅笔。可以用来帮助想象，也可以实际使用，写出每一个项目之后，就一一用橡皮擦擦去。我的做法是不会集中精神一次做完这件事，而是花上好几天、好几个星期，每次想到时就进行清理。当要去付某一笔款项时，就在脑海里想象自己打开那张纸，在上面画上一个"×"。

持续做了一阵子之后，我发现内在小孩让我看到了各种不同的记忆，例如花太多钱的罪恶感、害怕金钱不敢使用的恐怖感、嫉妒别人总是成功的嫉妒感等。像这样清理自己对金钱所抱持的情感，内在小孩就会不断地让你看到记忆，显现出平常我们使用金钱的时候，无意识状态里存在着这么多的记忆。

有一件事非常重要，这里再重复一次，那就是金钱本来就是具有灵魂的神圣存有。当我们与这些物品接触时，就是重新审视我们是否尊重金钱、是否带着尊敬的心情来使用它。包括我在内，许多人都将记忆紧紧贴在归零状态的神圣存有之上。

如果你对现在公司的业务内容、客户、上司、下属有很多不满，并在这样的状态下领取薪资，那么这些钱在某种意义上和受到虐待没有两样。另一方面，金钱也会透过历史而附加许多文化价值,如果一直不进行清理,过度的节俭主义会让金钱觉得这是不幸的开始,而受到很大的伤害。金钱本身也有想去的地方,但是我们却毫不加以思考、执意而别扭地剥夺这个想法,或是未能善加处理。世界上有许多金钱都是这样。

如果不进行清理、凭靠记忆来使用金钱,即使希望它增值或想用在别人身上,金钱既有的零的神圣力量也会受到损害。使用因为记忆而变得浑沌的金钱,我们便无法以灵感与人、物、土地获得联系。因此,对于金钱这种神圣的存有,我都会以诚实的态度来进行清理。不管是付钱或收钱,都会针对自己对金钱所抱持的感情、透过金钱所体验到的问题仔细地进行清理。

金钱本来就是神圣的存有。只要你借由清理回归到零的状态,金钱自然就会朝着完美的量、正确的方向前进,并取得原本的功能。

现在放在你钱包里的钱,经过了几万人的手才到你的手上,是非常重要的存在,应该能够让你看到很多事情。为了真正珍惜金钱,首先要从自己开始,让自己变得自由,就像人际关系一样。

1. 坐在椅子上,背挺直。

2. 用鼻子慢慢吸气,持续七秒。

3. 闭气七秒。

4. 从鼻子将气吐出,持续七秒。

5. 闭气七秒。

6. 重复步骤2~5七次。

---

[1] 让你回复"HA"(编者注:在夏威夷语中意味着"神圣的灵感",又有"生命的呼吸"之意)进行清理的呼吸法。

只要你本身是爱,没有人是孤独的。

第五章

工作

重视办公室里的每个声音

"我恨死这里了!"有一天早上我走进办公室的时候,听到了这个声音。感到惊讶的同时,我也觉得悲伤与不安,但我马上就清理这个体验,并且对自己的内在小孩说:"好的,虽然不知道我的内在重播了怎样的记忆,但谢谢你告诉我。让我们一起清理吧!"

这么做之后,我的内在就恢复了平静,那一天在处理工作的过程中,对手上拿的、眼睛看到的东西,都可以自然且仔细地接触与整理。

工作结束后,当我关上大门、准备回家的时候,突然觉得办公桌的四周就像沙漠一样需要水分,而且开始变得干枯。清理这个体验的时候,我脑中浮现了办公室在饮用蓝色太阳水的灵感,因此我倒了一杯蓝色太阳水放在办公桌的正中央之后,才离开办公室。

隔天早上,当我一走进办公室,就听到"我好喜欢这里!"的声音。这让我非常开心,心情也比平常更清爽,简直就像身处绿洲般开始一天的工作。

"今天和昨天到底有哪里不一样?"我问办公室。

"昨天档案夹和笔丢得到处都是,七零八落的,很难静下心来。而且晚上电脑也一直发出吱吱的声响,大家都不能好好休息。"办公室这么回答我。

听到这里,大家应该会笑我吧!每次想起这个体验,我自己都会忍不住笑出来,笑自己为什么之前都没听到这些声音。房间、电脑和笔都有各自的本性与思考,但我却一直没有发现,简直就像演独角戏一样。我每次想到,都会忍不住笑出声来。

如果不进行清理,我们会错过太多东西。在混乱(充满着过去记忆的状态)之中,这个公司(办公室、电脑、笔、记事本等)一点都不想工作。如果想在公司内成功完成工作的话,就必须将公司里所有的物品与意识调整到原本完美的状态。因为为我们带来工作的是公司里的电话与电脑,不管再怎么优秀的企划,如果用来显示的投影机或者打印机因为记忆而浑浊的话，就不能表现出原本的灵感。

但我们却以为自己已经做到应该的事而满足于现状，当我们的内在不进行清理的时候，所发生的各种想法（记忆）就无法被送到该送达的地方，并开始枯竭。

因为我是借由公司来进行自己的工作，所以本来就应该尊重公司。不管听不听得见办公室的声音，我们所能做到的就只有清理。不管你的立场是经营者、员工或实习生都一样。我可以在这里协助什么事？该如何参与其中？就像这样，随时可以借由公司或店面与自己心中的内在小孩沟通。

透过公司的协助和我的行动，公司的企划得以回复到原本的状态，送到该送达的地方，接着出现灵感。关于这一点，养育儿女就与上班非常相似。

职场上男性与女性的立场

我在夏威夷经营不动产事业,根据我的经验,建筑工地里几乎都是男性。每次到工地开会,大部分的人都会问我:"你先生什么时候过来?"并试图在我身边寻找丈夫的身影。

因为我是女性,所以经常感觉到这一点,因此会先清理"女性自觉"的想法。接着清理自己的年龄、住址、姓名和我接下来要盖房子这件事。在这段过程中,还是会忍不住冒出一点"虽然自己是女性,但是如果能更强、更靠得住就好了"的想法。

只要马上针对这个想法进行清理,身为女性而发生的许多不同记忆就会一一浮现。这些都是从小时候开始就存在、且未能清理干净的,所以我会非常仔细、小心地针对刚才所体验到的"女性"进行清理。然后就可以从没有任何勉强与坚持的状态下,想着"这个绑着马尾辫子、穿着运动鞋、讲话慢吞吞的人，就是现在的我"，自己的双脚彷佛向下扎根，进入地面之下。

这么做之后，对方也会开始改变。内在那个"因为我是女人，所以对方不会相信我"的记忆，会在对方的心里反映出不安，这件事对许多体验到自己身为妻子、母亲、女儿、丈夫、儿子、后辈、上司等各种立场的人，也都是一样的。因为自己所体验的立场而产生的隔阂（记忆），只会造成对方的困扰。只要进行清理，我们就能处于零的状态。这么一来，对方就只会看见我们内在里的零，也就是"真正的自己"那个部分。

本来男性与女性的心里就都同时存在着父性（活跃且具有创意的部分）和母性（以直觉接受事物的部分），可是这两者很容易失去平衡。若想取得平衡，身为女性的你，就要清理自己是历史中较不受重视的那一群的这个传统；而身为男性的你，则应该要清理只有男人要养家的这个想法。并不是因为这样的想法很奇怪或不正确，而是为了找回真正的自己，所以必须进行清理。如果男性与女性都能注意到内在父性与母性之间的平衡，并且加以清理，那么自己与周遭的人,甚至整个世界都会开始取得平衡。

现在,每当我前往建筑工地之前都会进行清理,所以即使听到有人问我"你老公在哪里?"的时候,也可以若无其事地回答:"我也很想知道他在哪里!"

如何决定该不该换工作?

Q:我正在犹豫该不该辞职,因为我无法从现在这份工作获得经济上的满足,如果想换一份可以发挥所长、使经济无虞的工作该怎么办?

A:首先,请清理想要辞职的这个想法、感情、思考等体验,以及让你想到这件事的资讯,任何想得到的事情都可以。

"报酬太少。"

"商品卖不出。"

"没有合得来的同事。"

"再怎么努力也得不到肯定。"

公司的名称

在公司服务的年限

董事长及主管的名字

公司的创设日

公司的地址

同事的名字（写下认识的即可）

接着使用自己熟知的清理工具，每当体验出现时就进行清理。持续进行清理之后，如果出现了更多不同的烦恼与不满，就一起进行清理，像是骑自行车一样，一次又一次地踩着踏板。如此一来，内在小孩就会让我们看见所有应该清理的记忆，我们再进行清理，然后就能变得自由。在清理的过程中，说不定会自然而然的开始往离职的方向前进，而且不会感受到任何压力与痛苦，又或许能够突然升职或得到其他公司的聘书。

所谓的清理，就是将停滞与隔阂（记忆）扫除干净。等到记忆消失之后，就会看见最适合你的场所与人际关系。当你回到了原本完美的零的状态，你所发出的言语、邮件、企划、想法、为同事倒的茶等，都会以灵感传达给对方，接着公司本身也会开始发光。

借由清理，你会从灵感看见、听见、采取行动，自然而然就会如此。相反的，如果不进行清理，因为"这样做才对!""这么做太不像我了,要那样做才对!"而勉强行动的话,就有可能卷入麻烦之中。大家有过这样的体验吗?像是被人讨厌等经历。说不定公司正打算给你更多的福利,只是因为你太累、太没自信,而被自己的记忆蒙蔽,使得公司担心你是否工作过度,而放弃让你往下一个阶段迈进。

宇宙以绝佳的平衡在运行着,如果你固执己见,那么原本纯真、完美的存在便会在瞬间被遮蔽了光线。即使乍看之下进行得很顺畅,同样的记忆也可能会再重播。如此一来,你就会不知道该相信什么,甚至看不清自己究竟是谁。

当你有新的想法或与人讨论时,只要进行清理,你便自然而然搭上自己该乘的浪,不管是大浪或涟漪。

第六章 自然

学会倾听大自然的声音

在我所居住的欧胡岛上,生长着各式各样的野生树木。像是我家院子通往马路的那条通道上,就种植了一棵巨大的老榕树,树上茂密的常春藤很脆弱,而且几乎都干枯了。熟悉植物的朋友劝我把常春藤锯掉,我花了好几天清理这件事,因为这棵树生长在这片土地的时间比我还长,当然要花更多的时间进行清理。过了几个月,我请这位朋友帮我锯掉常春藤,虽然少了常春藤,但榕树本身却充满了生命力。

某天当我拿着扫帚,边走边将人行道上的落叶扫进森林里,突然无法动弹,原来是树枝缠住了我的头发与身上的毛衣、长裤。

"究竟发生了什么事?"我在心里这么想着并进行清理后,抬头便看见榕树被锯掉的常春藤的部分。当时缠住我的是一棵荔枝树,它目睹了榕树被锯断常春藤的过程,大概以为自己也会这样被锯掉而感到恐惧吧！为了让我知道这件事，才让我有了这个体验。

虽然我对被锯掉常春藤的榕树进行了清理，但却没考虑到周围的生物，而且也忘了为帮我锯树的朋友进行清理，所以当他在锯常春藤时，说不定心里就想着："应该也要锯一下这棵荔枝树。"

当然这些都是我自己的想象，不过我还是针对自己现在体验到的事物与这个瞬间进行清理。虽然不知道实际上发生了什么事情，但我却感受到自己看见、听见了荔枝树周围的生物。正因为我生活于这些生物之中，所以我必须尽可能地进行清理，这一点很重要。而且不只是自然界里的生物，就连无生命的物品也一样，像是房子、公司、道路、交通工具、椅子、笔……各种物品的真实自性也随时在听、在看、在体验。我们使用荷欧波诺波诺进行清理与它们产生联系的同时，也给了彼此在没有痛苦的状态下放下记忆的机会。

"对不起，我居然没有发现。不用担心，我不会锯你的。让你感到害怕了，真对不起。"我对荔枝树说，等心情恢复平静后，再将缠在树枝上的头发与衣服解开。

虽然不是只要清理,就可以随时听到植物们的声音,但却可以借由清理,将许多容易遗漏的细微想法带入荷欧波诺波诺的过程中,使我们尊重个别的存在,并重新取得真实的自性。

尊重万事万物的存在

我在院子里的大门到玄关之间种了一大片草皮,虽然没有特别施肥,但它们一直都长得很绿、很漂亮。或许是因为夏威夷的天气很好吧!不过其实我在剪草的时候一定会跟草皮讲话。

"你们希望我什么时候剪草呢?"

有时候我听得见答案,有时候听不见,不过我还是一有机会就和它们说话,而且剪草时一定会对草皮使用"冰蓝"这项清理工具。

"因为我边说'冰蓝'边剪草,所以可以放下痛苦喔!"

就这样,我借由对着草皮与我自己说话,开始了清理的动作。只要把对方当作是有灵魂的完整存在,就可以对自己无法理解的土地与植物清理许多记忆。我不想任意妄为,不想用选择自己喜欢的指甲油颜色的方式对待植物,而是希望能进行清理、尊重且取得和谐。只要我一边进行清理，一边对植物说话，有时候就会在意想不到的时候听到答复。像是某次休假时我打算出门看电影，关上大门后突然听到"现在马上剪草"的声音。

"你确定？现在吗？"我反问。结果就听到草皮说："就是现在！"本来我打算装作没听见，但是进行清理之后，才发现非得现在不可，然后我就依照指示，一边说着"冰蓝"，一边仔细地剪草。结果剪完不到两个小时便下起了大雨，而且连续下了两个星期。如果我当时没有剪草，这段时间草皮就会长得很长，每天走到停车场也一定会弄湿双脚。借由清理，灵感有时候会以简单易懂的方式，像得到礼物一样突然出现在眼前，真的是太棒了！

就这样，日常生活中要与植物、建筑物、物品取得连结，转眼间又过了一天。很多人都说我独居不需要这么大的房子，但我甚至没空想到寂寞与孤单。只要借由清理用心倾听，就会听到许多地方发出要清理的声音，而我只是顺从这个声音，找回自己的真实自性与尊严。

体验大自然之爱

很久以前,我家的车库旁种了一棵很大的木瓜树,每次木瓜结果时,都会在我经过时掉在我的头上或肩膀上。因为事前没有任何预兆,使得我常常被吓到,而且也很痛。有时有木瓜半夜掉到地上,狗儿听到声音就狂吠,让我搞不清楚发生了什么事。我也曾考虑把它锯掉,并因此而进行了清理,可是却不太顺利,所以我只好一边说着"冰蓝",一边继续清理。

某个暴风雨的夜晚,外面一片漆黑,什么都看不见,附近传来好大的声音。隔天到院子里一看,发现有棵大树倒向我家,而且正好倒在那棵木瓜树上,使我的房子幸免于难。木瓜树受到巨大的冲击,差点就被压垮了,所幸被前方一棵平常我不曾注意的酪梨树挡住,两棵树互相扶持,保护了我的家。

生活中许多不同的事物重叠,即使我没发现,它们也会让我重新体会到事实上已经发生了数不清的事情,也让我了解到自己只是宇宙的一小部分,我的使命就是进行清理。如果我错过清理而恣意行动,就可能会失去很重要的东西。

我就是这样在清理中生存,同时也受到许多事物的守护。每当我走在院子里的时候,都会感觉这些树正在保护着我,耳边彷佛传来"我爱你"的声音。每天早上我都会一边说着"冰蓝",一边摸摸它们,然后一边散步。而他们也让我体验到有如奇迹般美丽的风景,我得到了清理的机会,也体验到了爱。

第七章 土地与房子

与土地之间的邂逅

我的家位于非常偏僻的山里,所以被大家称为"丛林里的家"。这栋房子坐落的土地,也是我人生中第一次购买的土地。

从我想买土地的时候开始,一直到购买的过程中,第一个步骤是实行荷欧波诺波诺的程序,清理自己为什么想买这块土地的想法。

因为我喜爱大自然。

因为我想要一个可以让孙子与其他孩子自由嬉戏、放松的空间。

因为我想要挑战。

就这样,几个动机就会自动显现出来。一项一项进行清理之后,便发现一些自己一直都没觉察到的感情,像是后悔自己没能当个好母亲、开始钻研不动产时遭到大家的反对等。于是我对内在小孩说:"谢谢你透过这片土地让我看见了这些记忆,你愿意和我一起进行清理吗?"然后继续进行清理。

当时有一个知名的财团也想买这块地,而且开的价格比我更高。接着我听说这块地自古就是作为农业用途,不知道什么原因不得不放弃农用。我在进行清理的过程中得知了这些事,也将各项资讯体验纳为清理的内容。

我几乎每天到这块地去,将课堂上使用的荷欧波诺波诺使用手册中的"十二个步骤"拿给这块地看,还会对这块地说:"我想使用荷欧波诺波诺的清理程序,可以吗?"就这样,对于内在小孩借由这个地方展现给我看到的事物,都不加以分析,只是持续清理,使这块地与我都变得自由。我心中对这块地的坚持与执着自然地消失了,也感受到记忆的消逝。

我们做任何事,只出于两个动机:"记忆"与"灵感"。只要有期待、兴奋、疲劳等任何体验,都是从记忆运作而来的;相反的,如果是在事情结束后才突然惊觉:"啊!什么时候发生这种事?"那就是从灵感运作的。即使由记忆所运作，只要在这个时间点感谢自己能放下回忆，并进行清理即可。

　　最后，我接到这块地主人的电话，说要用我开的价格把地卖给我，开心之余，也发现我与这块地之间还有很多需要清理的地方。

装潢房子前先与房子对话

在盖房子、决定房间装潢的过程中,首先我会与房子对话。或许有人会觉得"与房子对话"很难,但其实不管是什么内容,只要针对借由这栋房子而浮现脑海的回忆、情感与想法进行清理即可。

例如可以将"我想让这里变成美丽而时尚的空间""接下来要准备各种东西真麻烦,还要花钱"这些显现出来的体验,当作自己内在自有的记忆重播来进行清理。只要这样从内在整顿好,你和房子之间就会产生一种和谐感,然后房子就会自己动起来,而你只要帮忙即可。像是油漆的颜色是房子告诉我的,木材也是它选的,我只是借由清理来获得灵感。经过了几次清理,加上我执行的结果,看见房子成为了本身所追求的形态,我感到非常幸福。

还有,不要在读了装潢杂志后,将杂志内容完全套进自己的房子，而是要在进行清理之后（反省是我内心里哪一部分让我对装潢杂志的）再读杂志。这么一来，杂志与我之间的既有记忆就会剥落，可以将杂志里的点子变成布置房子的灵感。但如果只是欲望与记忆的重播，就会在你说着"买了这个就会变得很时尚""用了这个就能展现高级感"的同时，一切都变得凌乱不堪，然后东西越来越多，无法成为舒适的空间。

房子之所以存在，是为了作为这栋房子与居民进行清理的场所，如果你只是模仿别人，将房子打造成相同的样子，我忍不住想问，这么做会开心吗？不管是物品或房子，都应该先清理后再购买，之后仍要持续清理。

因为我是以这样的节奏进行房子的装潢，所以家里的天花板现在都还没擦油漆，木材还露在外面。但是来参观的朋友都称赞这样很有开放感，而我每次看到天花板时，也会回想起房子给了我清理的机会。只要学会清理的方法，即使不搬家或多买什么东西，现在身处的环境与物品也可以让这里成为香格里拉。

搬到某个地方之前，也有许多需要清理的事物。想要搬家的想法、不得不搬家的动机，这些都是来自于本来就存在于内心的记忆，所以可以百分之百由自己负责进行清理。百分之百由自己负责的立场，在荷欧波诺波诺的程序里是非常重要的，这么说并不表示当你为了噪声想搬家时，噪声是起因于你，而是你在这个瞬间所体验到的东西，实际上是来自于你自己诞生于地球以来的记忆，因此可以进行清理。

搬家的时候，我一定会同时针对新家与旧家进行清理。如果不清理目前居住的旧房子，相同的记忆也会以不同的形态在新房子被重播出来。大部分的旧房子遭到遗弃时，都处在对住在这里的人保持着单相思的状态下，若居民在旧房子里抱持着烦恼、悲伤的体验搬了出去，那么双方在记忆中便会变得执着而相互拉扯，这样就无法顺利搬家。

你所居住的房子本来就是完美的存在。如果搬家的原因在于房子本身，那么首先必须针对让你看不到的房子本来就完美的记忆进行清理。如此一来，房子就会变得自由，并且会开始调整成对房子来说是完美的状态，也才能重新遇到完美的居民。同样的，如果能先消除对旧房子的所有记忆再找新房子，应该就能找到对你来说最完美的房子了。

灵感所盖出的房子处处是惊喜

房子刚盖好之后,我请朋友到家里来玩,两人从院子观望整栋房子。

"真不敢相信你真的盖了这栋房子。"朋友说。

"但这是事实啊,我与神圣的存有一起盖了这栋房子。"我下意识这么回答。

这一瞬间,天空突然传来轰隆的雷声,接着下起了一阵大雨。此时我的心里感觉到:"啊,这就是我的生存之道。"而有了与自己真实自性接触的体验,因为意识或多或少可以接触到以灵感采取行动是怎样的感觉。

画家依据灵感行动,而描绘出别人想象不出来的画作。同样的,如果你是公司的经营者,就可以借由清理来倾听公司的声音,使经营更加顺畅;如果你是保险业务员,就可以借由清理让业绩达到令人不可置信的程度,这就是荷欧波诺波诺回归自性法。

借由目前的工作与立场,灵感可以让你表现出百分之百的自己。

即使是现在,我在家里走动时还经常会惊讶地发现:"哎呀!原来这栋房子是这样盖出来的!"

一直到现在,这栋借由灵感所盖出来的房子,还是经常带给我惊喜与和平。

解放受伤的房子

不管是房子、物品或道路,都经常兴致盎然地听着你说话。假设你去看房子时,第一印象曾经在心里有过"我讨厌这个壁纸"的体验,那么房子听到这句话之后会感到羞耻,而且也会受伤。我们都不希望被家人骂:"你真的好丑喔!"房子也一样,它需要感受到满满的爱与怜恤,才能展现出房子的样貌。相反的,如果是栋受伤的房子,那么它能提供给我们什么,相信大家都能想象得到。

至于要感觉什么、要如何思考,就是自己的自由了。这些都不是实际上所想的,而是内在小孩让我们看见的记忆,所以也只要清理就可以了。如果你没办法百分之百清理这些想法,这栋房子就还是维持受伤的状态,你的内在小孩也会因无法放下记忆而感到痛苦。

展开个别课程时,我经常看见许多客户与他们房子之间的问题。不只是房子，公司或学校也是一样。因为土地的清理是很重要的，所以必须花时间、仔细地进行。

有些人虽然不了解荷欧波诺波诺，不过他们平常就会很自然地与土地、房子说话并进行沟通。这么做，土地与房子就不会受过去的障碍束缚，可以自由地与住在这里的人取得连结。

使用荷欧波诺波诺来进行与土地之间的清理，有许多方法。例如对土地朗读之前提到的"十二个步骤"、随时留意自己从房子与这块土地感受到的所有想法并进行清理、使用蓝色的太阳水进行扫除等，可以顺从自己的灵感自由发挥，这样是最好的。

假设一对夫妻在家里吵架，或是孩子在学校被欺负，孤单地在房间里度过一个晚上，即使隔天早上起床后把这些事忘得一干二净，但是你知道吗？如果没有针对这些对房子造成的伤痛、怨恨、痛苦进行清理，问题还是会一直存在。说不定更早之前的居民曾经在这里遭受虐待而痛苦不堪、曾经失去重要的亲友，又或是几百年前这里曾经发生过战争……虽然我们并不知道实际上发生了什么事，但却可以借由清理自己内在的记忆重播，使怀抱着这些悲惨体验的房子获得解放。

此外，土地与房子也会给我们机会清理内在囤积的记忆，是非常重要的存在。而唯一可以将一直以来守护、保护自己的房子与土地从痛苦中解放出来的，是我们自己。就像我为了清理而从事不动产一样，大家也是为了清理才住在现在这栋房子、每天到公司与学校去。

清理房子时，就顺便清理设计图、保险证书、税金、电力公司、煤气公司、建设公司、水量测定、贷款银行等；清理公司或学校时，就一并清理地址、创立年月日、公司负责人的姓名等。把一项一项将出现在自己眼前的事物清理掉，这是我们的职责所在。

清理土地的记忆

以前我与修·蓝博士几乎每天都会打一通电话或寄一封电子邮件，相互报告一下自己当时的状况，现在因为有了skype通讯软件而变得非常方便。聊天的内容包括现在自己正陷于怎样的状态、是否充分进行清理等，修·蓝博士不管何时都非常认真。

博士总是很严厉地教导我。以前有莫娜的督促，现在则有博士，我实在非常幸运，总是身处于随时会有人检查我是否充分进行清理的环境之中。

有一次我告诉博士，我即将搭飞机到南美参加家族旅行。每当我要移动到某处时，都会清理即将搭乘的航空公司（交通工具）、航班、时间、出发地的地名、目的地的地名，这是非常重要的。不过这次博士特别为我进行了更仔细的清理，还不停地叮嘱我针对目的地与飞机进行清理。

我本来就计划进行完整的清理,于是打算重新审视一次,不经意上网查询后发现一篇报导,原来我预计搭乘的航空公司在几年前曾经在目的地的机场发生过坠机意外。在清理这个体验和自己当下的情感时,我看见这片土地受了很重的伤害而感到恐惧,飞机则失去了自信而感到悲伤。我不知道自己内在的哪一个记忆让它们变成这样,但是我不断地说:"谢谢你们让我有这个体验,谢谢你们让我在这辈子里有了再一次清理的机会。"并持续进行清理。

有时候,土地会将记忆以某种形式展现给我们看,不过大部分时候,我们都不知道与我们相关的土地在和我们接触的这个瞬间,抱持着怎么样的记忆。正因如此,更应该随时抱持着这是最后一次机会的想法来进行清理。

早上上班的高峰时刻若遇到塞车,有时我们会改走另外一条路。即使对意识来说,走这条从未走过的路只是为了抄近路,不过这条路却让我们有了清理这一瞬间的机会,这一点非常重要。

搭电车时若因为脑袋放空而不小心坐错了方向,也不是单纯地坐错方向，而是内在小孩为了让我们进行清理，因此借由这样的体验、在适当的时机显现出来。

人也是一样，凑巧搭到同一班电梯的人、餐厅里坐在隔壁座位的人，他们的存在或许都是你这辈子最后一次可以清理的机会。或许是因为这样，至今我仍记得莫娜这个人与她处理事物、土地的样子是多么美丽动人。

后来我的家族旅行在平安中画下句点。我在旅行的途中当然仍然持续进行清理，也重新回顾了以荷欧波诺波诺来检视生存的每一个瞬间是怎样的一件事。

在个别课程中，有些人提到每天过着重复的生活非常无趣，之所以会有这种感觉，是因为长时间没有与内在小孩沟通，因此迷失了真正的自己。

在每天的日常生活中，我们的意识会进行选择，带着我们欣赏风景、走在路上、与某人见面。而在荷欧波诺波诺的观点里，这些都是内在小孩为了让我们清除一直以来所积累的记忆而显现的，只要我们选择将每一个瞬间视为进行清理的机会，那么所遇到的人、物品、土地、想法都将会成为意想不到的宝贵存在。

对你而言，日常生活应该要如冒险一般具有鲜艳的色彩，并且持续变化。如果能透过真正的自己与这个宇宙有所连结，那么你所在的位置将随时埋有许多美丽的种子。

第八章

身体

善待身体的最好办法

大多数人常为了太瘦、太胖、发量太少、想要变什么模样等事情烦恼,但其实这些也是我们自己的体验,我们原本就是完美的存在,除此之外我们所感觉到的、所体验到的,都是记忆的重播。

在意自己变胖的人有很多理由,像是"我的体质怎么减肥都瘦不下来""都是因为我吃得太多了""都是遗传害的",但这些都是事实吗?"这些是事实"的想法,其实只是内在小孩借由身体表现的记忆所带给我们的体验。

其他还有许多记忆被重播,例如"好难看""不瘦下来就找不到男/女朋友""好丢脸""不能吃这些东西""吃这个东西好"等。首先要对成见、知识、身体的状态等一一进行仔细地清理,这才是对自己、对内在小孩、对身体最好的方法。

身体对内在小孩是最忠实的,"土豆片对身体不好,所以我只吃一点点。"当这么想的时候，如果不进行清理，那么吃下这小小的一口，也等于吃下了"对身体不好的记忆"。如果你能放下这个想法，那么不管是你或事物本身，就能以原本最完美的状态出现。

当我们身体不舒服的时候，经常会为此赋予意义，像是"偏头痛把我今天一整天都毁了""一定是昨天玩太疯了才会感冒"等。这个时候，在荷欧波诺波诺的做法里，会对当时的身体状况、自己所具备的想法、意义进行清理。

既然有借"身体不舒服……"这个想法，将自己这个瞬间里所思考、所体验到的进行清理，就能确实感受并回到自己本来的存在。当你感觉"我一直都知道""我知道现在发生什么事"的时候，请试着进行清理。尤其是清理自己所拥有的知识与价值观，更能在毫无压力的状况下加入荷欧波诺波诺的程序中。如果对于自己的容貌有任何想法或意见（经常有人说我太瘦），那么就先告诉内在小孩："谢谢你让我体验这瘦长的体型。"接着一边感受这个体验，一边持续进行清理。

因为内在小孩表现出我的身体，所以我所能够做的，就是照顾内在小孩与清理。

家人生病时,请说"我爱你"

这件事发生在夏威夷的荷欧波诺波诺课程中,当时我正在准备上课,一位年长的妇女出现在我面前,于是我问她有什么事。

"我年幼的孙子患有耳疾,我来是想治好他的耳朵。"这位妇女说。

于是我先清理了自己的这个体验,接着清理这位女性的姓名与年龄。我将心中与这位女性共同的记忆当作自己的责任,并进行清理,使我自己与她归零,并获得了灵感,得以接受在这两天的课程内应该接受的东西。第一天的课程结束后,她对我说:

"自从我知道孙子生病之后,我无时无刻不把这件事放在心上,但今天上课期间,我却一次都没有想到孙子的病,也没有想到孙子,这太令我惊讶了!"

第二天的课程结束后,这位妇女再度来找我。

"真不可思议,不知道为什么,我完全不再为孙子担心,也不再觉得他很可怜。回去之后我也会采用'十二个步骤',持续为孙子开刀的医院、医生的姓名、时间、孙子的姓名与出生年月日进行清理。"

我建议她在孙子睡觉的时间,即使孙子不在她的身边,也可以在心中对孙子说"我爱你"(由四句话总括而成的清理工具)。只要说"我爱你",不需要说"我希望你好起来"等其他的话。

"我会试试看,谢谢你这两天的课程。"离去前她这么告诉我。

我也在心中持续为她进行清理。几星期之后,她寄了一封电子邮件向我报告近况。

"以前我的孙子只要接受治疗就会大哭,但手术当天他居然安静地进入手术室,没有任何哭闹,然后我在家属等候室里等待,他不到一个钟头就出来了。更令我惊讶的是,向主刀医生询问相关细节后,他居然说没有任何需要动刀的地方,大家都非常惊讶,但我总觉得自己似乎在事前就感觉事情会变成这样。"

我回信问她究竟做了些什么。"课程结束后，我持续进行清理，并且照你所说的，每天晚上会在孙子睡着时对他说'我爱你'。"她说。

最令人动容的是，她不依赖任何人，而将这件事百分之百当作自己的责任，接受了这些记忆，并单纯地将所体验的一一进行清理。她不把事情变得困难或复杂，只是顺从心中的灵感，持续地进行清理。

荷欧波诺波诺回归自性法是任何人都可以执行的，即使你并非具有感应的人、有知识的人或静心达人都无所谓，大家都做得到。做法非常简单，只看你是否能谦虚地持续下去。

在被赋予的状态下单纯地持续进行清理后，她心中的记忆被消除了，因此孙子心中的记忆也被消除，结果最适合她孙子的事物就透过身体表现了出来。

她刚开始之所以进行清理，是希望治好孙子，而这样的态度，随后经由课程转变成了她自己，这就是荷欧波诺波诺的程序开始发挥效果了。如果没有内在小孩，是无法开始清理的，而且内在小孩无法为自己以外的任何人发挥效果。

对我来说，这也是一个清理的大好机会，因为她让我看见了这些，所以我内在的记忆也得以被删除。虽然清理只能在自己的内心进行，不过记忆却是大家共有的。不管是谁的身上发生了什么事，如果忘记这些都是存在于自己内在，那我就无法向人传达任何事，也无法进行身体工作，更无法成为母亲，甚至没有任何人想跟我说话了。我一直提醒自己，不要忘记所有人原本都是存在于我的内心，他们是为了让我看见这些事物而存在的。

在荷欧波诺波诺回归自性法里，并不是只要为自己以外的任何人进行清理，一切就结束了。我们大家都在同一艘船上。

荷欧波诺波诺的身体工作

透过莫娜,我认识了身体工作。之后我进入大学,学习许多与身体相关的知识,但我之所以能持续身体工作到现在,则是因为莫娜教导我的荷欧波诺波诺。

莫娜的身体工作,基本上就是传统的卡胡那治疗法,用这个方法注意身体的动作,但最重要的还是荷欧波诺波诺。首先要针对自己,接着对客户在治疗前、治疗中、治疗后进行清理。

先清理自己,直到放下各种情感与想法,例如这样处理客户的身体、这样进行治疗、这样让他好一点等,因为我们并不知道客户的身体里到底发生了什么事。如果从事身体工作的人可以完全放下成见,那么客户也就可以放下这些成见与记忆。这样一来,由于身体第一次得到这样的对待,掌控身体的内在小孩感受到被记忆解放并获得自由的快乐,表现出来的痛苦也会跟着消失。

莫娜还很严厉地告诉我，作为一个身体工作者，绝对不能将自己的成见带到课程中。因为我们并不是治疗师，因此无法治愈任何人，只能消除自己内在既有的记忆。只要我们内在的记忆被消除，对方的记忆也会被消除，这件事对灵魂与身体来说都是最完美的。

内在小孩、尤哈尼、奥玛库阿都会团结一致、仔细聆听在这里所发生的事情。也因此可以追溯到客户的家人、亲戚、有血缘关系的人、历代祖先，并得以悔改肉眼看不见的过错。背脊和尾骨的疼痛大多来自于家人或祖先的问题，因此可以透过使用清理所进行的身体工作，达到减缓疼痛的作用。

如果宇宙（也就是神圣的存有）知道所有答案，那么我们就必须与这个地方合而为一。但是如果治疗的人拼了命地想治好被治疗的人，那么我们就会成为阻挡了清理这个波浪的大岩石，这对客户来说也不是好事。而且如果你剥夺了原本应该由对方做的事，也会有疼痛表现在你自己的身上。

只要进行清理，并和神圣的存有取得联系，我与我的客户就自然会将这个时间里所能进行的工作做到最完美的境界，这就是荷欧波诺波诺的身体工作。

感觉忧郁时,请听内在小孩的声音

你并不忧郁。

这个瞬间你正在体验忧郁。

这个瞬间你正在体验酒精中毒。

所有的体验都是"记忆"或"灵感"的其中之一。

若是由记忆而来的体验,就能进行清理。

我们吞下去的每一颗药都有真实自性,医院与医生也是。

所以如果能将和你的体验相关的人、事物、建筑,都当作是真实自性来进行清理,你就能恢复到真正的自己、完美的状态。

忧郁的其中一个原因是意识忽略内在小孩的存在,如果意识继续自行决定事情,内在小孩就会陷入受虐的状态,而紧紧关上门。这样的状态,会以忧郁的形式表现出来。

当我们受忧郁所苦的时候，会试图奋力挣脱这样的状态。但是，如果忽视内在小孩的存在，一切就会停止在记忆重播的状态，痛苦会一直重播下去。

首先要从我们自己开始清理，这时不妨使用蓝色太阳水和"HA"呼吸法。即使无法静下心来，但只要喝水、使用呼吸法进行呼吸，内在小孩就会收到清理的讯号。持续这么做，内在小孩就会发现你将再次进行清理。

内在小孩时时刻刻都在听、都在看，所以当你心情跌到谷底时，即使是对着镜子露出笑容，他也知道实际上发生了什么事。自我启发也是内在小孩混乱的其中一个原因。

想要培育出乐观的自己，清理或许是个好办法，但因为荷欧波诺波诺没有"好"与"不好"，所以所有的一切都只是记忆。真正的自己只有一个，就是处于零的状态的自己。除此之外的自己，都是内在小孩让我们看见记忆时的自己，因此不管何时都要将清理放在第一优先顺位。

若是你一直说谎，内在小孩就会立刻关上门窗，自己内在的三个自我会被切断。如果没有与神圣的存有取得联系，就无法传达灵感。

我们随时都要面临要不要清理的选择。不论何时，这辆名为荷欧波诺波诺的自行车就在我们身边，要不要坐上去都是自己的决定。莫娜随时准备好这些自行车，让任何人都能平等地坐上，我每天都对她充满感谢。

或许有人会问，陷入忧郁时，做什么都提不起劲，要如何与内在小孩交流呢？"即使持续进行清理，内在小孩却不回答。"因为我们的意识对内在小孩的回答与反应抱有很强烈的成见，所以才感受不到其他的细微动作。

那么，如果你拼了命与内在小孩说话，却一直没有得到回应，你会有什么样的感觉或是意见呢？或许你会觉得"难过"或"过分"而感到愤怒，但其实这正是内在小孩的声音。内在小孩就是这样发声，传送出让我们放下记忆的讯号。

其实内在小孩一直在对我们说话，是身为意识的你没有发现罢了。意识没有情感，因此让我们看到情感的都是内在小孩，成见与期待让我们无法觉察此事。所以，如果你对内在小孩说话，却得不到任何回应或无法交流，那么就先试着清理期待吧！

不管这个情感如何让你无法直视,但情感一旦出现,就开始了与内在小孩之间的交流。

只要踩着自行车(荷欧波诺波诺)、不停地踩,这就是清理。想听到内在小孩的声音、好想听到,这就是期待。而期待也是记忆,所以要进行清理。

就这样,这个在未经清理的状态下持续累积而成的沉重记忆,就像岩石一样慢慢剥落,得以回到原本的你。那里找得到所有你一直以来期待的事物,有光、有平静。

别离是全新的开始

几个月前,我失去了一个无可替代的朋友。她是我最好的朋友、最爱的家人,也就是我的爱犬"惊奇小姐"(Miss Marvel)。她第一天到我家时,就已经是成犬了,也有很多奇怪的癖好。她的体型很大,以后脚直立时几乎跟人一样高,跑得很快也很有力气,不过却有扑人的坏习惯。前几年,我们花了很大的功夫来矫正她这个行为。不过也因为如此,我的心思总是悬在她身上。

有一次我到外地旅行,返家后发现她看起来很痛苦,我受到很大的震惊,刚开始甚至不愿意承认她生病的事实。就在不久前,她还那么活泼、像从前那样扑人、精神奕奕地玩耍,但眼前的她却躺在我们准备的床上,彷佛等待死亡来临。

悲伤、愤怒、无力……各种情绪不断袭来,彷佛要将我淹没,我已经看不清眼前的景物了。刚开始我什么也不能做,只能不断地告诉自己:"清理,只要清理,清理这个体验。"

尽管如此,当时我还是尽可能表现出对她的怜爱,一边抚摸着她的头,一边说着:"冰蓝、冰蓝、冰蓝……"与"我的平静"。我对着她、她凝视的草皮与她最爱躺的垫子平静地说,希望她和她最爱的事物都能没有痛苦、没有任何障碍地离开这个世界,让我能在进行清理时与她告别。就这样过了几天,我的心中突然感到一种悲伤,眼泪莫名流个不停,于是我便将清理工具放进胸前的口袋某一边,随时能与荷欧波诺波诺伴随在她身边。虽然当时无法感受到"我随时都能回到清理的怀抱"这件事,但光是知道这件事,就能成为我莫大的精神支柱。

如果惊奇小姐的身体正朝着死亡迈进,那么我所能做的,就是不要让我的情感、记忆、障碍绑住她,而是借由清理让她与我获得自由,就只有如此。只能放手让她踏上旅程,到想去的地方,因为她有她自己真实的自性,并非为了某人而存在。我尊重她的节奏和目的,因为清理,让我在度过这段时间的时候没有成为她的阻碍。

几天后,她望向庭院,安详地离开了我们。当时她躺在最爱的垫子上,另一只爱犬莫扎特(惊奇小姐的好朋友)不停上前探望她。这个景象让我不禁潸然泪下,于是我进行清理,又忍不住哭了,然后再进行清理,就这样不停地重复。

最后我紧紧抱着她,对她说了句"再见了",然后在儿子的帮忙下,用布包起她庞大的身体以便埋葬。虽然很难受,在情感上面很痛苦,但我还是在每一个程序中不停地进行清理。

直到如今,我还感受到一股违反意志的强大悲伤不停向我袭来,但现在的我已经能清理这个瞬间了。虽然我不知道是哪一个内在记忆在这个瞬间让我体验到无止境的悲伤,不过我现在仍然一边和内在小孩说话,一边持续进行清理。

每当想起惊奇小姐,我就会发现自从遇见她之后,自己获得了许多清理的机会,于是心中满是感激。往来于悲伤和感谢之中的同时,我选择了确实感受"真正的自己"的生活方式。

我在惊奇小姐死后持续进行清理的过程当中,得到了前往流浪动物收容中心的灵感。在那里我遇见了可爱的大型犬幼犬,看见一只被我命名为"奶油"的小狗,在心里开始慢慢接受了这个全新的存在。

有时我们会借由清理得到我们前所未有的体验,清理带给我们的,是在这个瞬间体验到自己的存在,并得以向前迈进的自然力量。

现在我每天与家里的两条爱犬莫扎特和奶油快乐地生活着,他们都很喜欢和我玩游戏。

惊奇小姐,谢谢你。这是你送给我的礼物吗?

过去的愿望会不经意地实现

前阵子和修·蓝博士通电话时,我告诉他:"最近我变矮了,不知道是不是年纪大了的关系。"

博士听了之后说:"这应该是你一直想要的吧?"

我完全不懂这是什么意思。

博士又说了一次:"这应该是你一直想要的吧?"

挂上电话的两三天后,我突然想起一件事:从小我的个子就长得比其他人高一些,为此感到非常丢脸,每天晚上都躲在被窝里偷偷许愿,希望个子能变矮。

我回想起那段时间,每天晚上偷偷许下这个不知道能不能实现的愿望,当时的心情非常孤独,感觉就像昨天才发生的一样清晰。我针对这个想法、当时的朋友与家人这些自然想起的事物进行清理,并且告诉内在小孩:"谢谢你让我想起这些,真的谢谢你再给了我一次清理的机会。"然后打从心里感谢他。

即使这个愿望是过去的愿望,也已经不符合现在的心境,但内在小孩有他自己的节奏,而这些没有被消除的记忆,有时候是会在完全不合理的时机出现。主宰身体的内在小孩,会在很久以后将我们过去许下的愿望以原本的样貌展现出来,而我们拥有的时间轴,也都是经由记忆的重播而来。

如果你想起自己小时候真心许下的愿望,就应该进行清理。例如在玩具店看到孙子想要可爱娃娃的身影时,想到"我们小时候也有过一个很想买却没有买到的东西"。

感觉忧伤时,请听内在小孩的声音。

第九章

我的内在小孩

改变生活形态的做法

当我有了"好想拥有这样的生活形态"的想法,会先试着将荷欧波诺波诺使用在自己的体验上,因为想要顺应灵感过生活,最重要的就是要放下"我知道此时什么才是对我最完美的"这样的成见。

每当我在杂志、电视、新闻上看到某些人过着美好的生活,我就会想着"居然有这样棒的人,好想变得和他们一样"。因为我的好奇心很强,所以当我听到有人因为吃素而变得非常健康时,也会有点心动。

通常在这个时候,内在小孩最容易被忽略。我所看见的、感觉到的、头脑运作的,都是内在小孩显现给我的,所以我会先感谢这件事,然后进行清理。什么时候开始都不嫌晚,越是这样进行清理,内在小孩就越能给我们协助。当你回过神来,会发现身体的环境竟变得如此丰富。

人很容易受到当时的资讯、自己的价值观与成见影响，而无法判断什么才是正确的。特别是当你对政治、社会、经济相关领域保持着非常强烈的信念，就更需要进行清理，因为你无论何时都可以从自己的记忆中看到各种资讯与知识（即使是遥远国家的战争新闻）。

观念也一样，它并没有好坏之分，也不是你自己创造出来或别人灌输给你的。它是你内在既有的记忆，所以只要对观念进行清理，就可以获得自由与灵感。

大家不妨在日常生活中观察自己是否经常思考"什么是正确的、什么是不正确的"，答案或许会令你感到惊讶。这么做将使你重新发现，我们平常花多少时间在思考自己心中既有的记忆。

不原谅别人，将会对自己造成伤害

如果你一直抱着"我绝不会原谅你"的想法，这句话将不是对某人的诅咒，而是对你自己最大的伤害。因为在记忆重播的观点里，是内在小孩将目前可以清理的部分展现给你的，如果放任不加以清理，内在小孩将会不断受到伤害。

被关在记忆仓库里的内在小孩，会将眼前所看见的透过身体表现出来，然后以疾病、受伤，甚至是经济问题的形式表现出来。所以，身为意识的你一旦察觉，就必须开始与内在小孩对话。

谢谢你让我看见你怀有仇恨，我想你应该还不能原谅那个人吧！但是我会进行清理，并期望放下这一切。因为我发现你生病、在经济上发生困难，背负着沉重的痛苦。

相信高血压的原因也是来自于记忆的重播吧！

这些对我们来说都是有害的。谢谢你让我看见怀着仇恨是非常痛苦的一件事。很抱歉长久以来一直没有放下这一切,以后我都会陪在你身边,让我们用荷欧波诺波诺一起进行清理吧!

你可以这样开始与内在小孩说话,但如果你的心情非常激动、无法说出这些话来,那么只要在心中说"我爱你",饮用蓝色太阳水,并一边说"冰蓝",一边触摸植物,也是很棒的清理方式。接着,可以再次与内在小孩说话。正因为心情过于激动,更需要反省的机会。

有人会说:"自从我进行清理之后,心情变得更激动了。"或许是因为之前内在小孩受到囚禁,长时间的忍耐一次爆发开来,为了取得心里的平衡而产生的变化。所以,请暂时不要分析,先进行清理吧!

因为你放任自己处于这种状态,而你无法原谅自己这么做,所以怨恨或嫉妒才会一直持续,事实上是我们无法原谅自己。

有些人听到这样的解释,会努力回想自己幼年时期的心理创伤,或是寻求前世的记忆。但是在任何荷欧波诺波诺里,所谓的清理只针对目前这个瞬间的自己,只清理现在自己所感觉到、体验到的事物。如果你想起过去的事情，就清理目前想起过去的这个瞬间。

并不是进行了荷欧波诺波诺之后，意识就绝对只会看见平静与沉稳，不过内在小孩内心的记忆可以因此归零，并获得整理。只要内在小孩取得平衡，你就可以重新获得内在小孩的信赖。

借由清理记忆抚平心理创伤

我们经常会因为遭人背叛或无法忘记某人，而感到痛苦、怨恨并产生心理创伤。其实，根本的原因本来就存在你的内心，但内在小孩却一直独自承受这些，怀抱着孤独并感到痛苦。即使是我们本身感觉痛苦且棘手的问题，也都是由内在小孩来承受。

解决问题的最大关键在于，你对内在小孩投注感情的多寡，以及是否能与他保持良好的关系。因为身为意识的你所看见的这些痛苦记忆，正是能否取回内在小孩信赖的机会，所以要好好把握。

那些我们不希望忘记的事情与目前所体验的问题，本来就存在于自己的内心，而非新的体验，所以你可以在现在这个瞬间，针对这些长期以来没有注意到的部分进行清理。即使未能得到预期的结果，在不断进行清理的过程中，也可以使内在小孩慢慢获得解放。不要忘了,内在小孩就是你自己。

借由清理,内在小孩的状态会越来越放松。紧拉的线团逐渐变松的过程中,或许还会让我们看到其他问题的原因,也就是各种记忆。即使如此,身为意识的你,职责就是持续进行清理、持续骑在自行车上。

只要透过"忏悔"这个荷欧波诺波诺的程序对记忆进行清理,长久以来封存于内在小孩心里的"我绝不原谅你"的观念,就会慢慢获得原谅。这也是向零迈进的唯一程序。

与身边的人保持适当的距离

很久以前,居住在美国本土的母亲曾经拜访我位于夏威夷的家。母亲住在我家期间,当我工作时,就让她在二楼的客厅休息。这样过了两天之后,母亲不想再单独待在楼上,所以就到一楼的办公室与我们开心地聊天。当时我还有事情要忙,打算集中精力在工作上,但母亲还是一个人说个不停。

虽然很想对母亲大吼:"我现在很忙!"但还是忍了下来。不过这种想说却又不能说的烦闷感,就一直留在我的心里。

于是,我针对这个瞬间的情感、状况、母亲与自己进行了清理,结果出现了自己内在小孩的影像。我发现当时的我虽然处于孩子的立场,可是现在我与母亲的状态,却忠实地反映出内在小孩与身为意识的我平时的相处模式。这时我才警觉到,平时总是忽视内在小孩展现给我的经验,只关心自己的状况,所以才会说出"现在就来聊天吧!""现在休息一下""告诉我现在是什么心情!"这样的话!

我发现自己总是唠唠叨叨地说着"这个应该早点结束的,现在马上就停止!"之类的话,而让内在小孩有不好的感觉。"我是你的母亲,我当然知道什么时候会发生什么事、该怎么处理。"我总是这么说,然后继续忽视内在小孩的努力。内在小孩努力将保留的记忆重播出来,并打算进行清理,但我却只会阻止他。我清楚地看到这些景象:我的内在小孩因为被母亲不停地唠叨,正处于顽强反抗的状态。

透过母亲与我的关系,我看到了内在小孩处于什么样的状态,实在非常幸运。自从19岁那年接触了荷欧波诺波诺之后,我就持续进行清理,却一直无法放下"我什么都知道"的成见。但是,凭借不断清理并放下自己的成见,当体验到"我什么都不知道"的时候,我感觉自己心里就进入了下一个阶段。

内在小孩就是我们自己,所以长年以来我都知道自己是怎么对待自己的,从心里悔改并继续进行清理。这么一来,我与母亲、子女的关系也开始有了明显的改变。我与他们之间的关系再也感觉不到压力，并能尊重对方，在与每个人共处的时间里取得了最佳的平衡。我不需要计划、在意任何事，也不需要配合和说服谁，就可以安心地将自己托付给心爱的人。只要内在小孩感到安心、安全，这样的感觉就会出现于自己与他人的关系中。

当然，母亲、孩子、孙子都有各自的立场，但每一个自己都非常清楚，不会只有某个人感到孤独或为别人牺牲。莫娜经常告诉我："随时都要正视自己的内心。"任何人与我之间都没有隔阂。

身处于现代社会，大部分的人都认为不管对象是恋人或家人，都必须尊重对方并保有各自的时间，必须将个人的隐私分得更加清楚。但如果只是这样的话，一定会有人受伤，而受伤最重的那个将是自己。因为就算强迫分配了房间，心底还是会烙印其他人的存在，强迫是件很痛苦的事情。只要自己心里的三个自我与神圣的存有都能在相互关联时取得平衡。那么自己与身边的人之间，就能在自然的律动中保持确切的距离与时机了。

若能在心里保有让三个家人（奥玛库阿、尤哈尼、内在小孩）安全生活的空间，不管我们在哪里、与什么人有关联，都可以保持平静。

第十章

养育子女

每天都以全新的心情面对孩子

三个孩子还年幼的时候,许多和我一样有小孩的妈妈经常对我说:"KR,看你带小孩好像一点都不辛苦。"即使我告诉对方:"其实我好累喔!"她们也不相信。

我曾经经历过一段无法用言语表达有多辛苦的育儿时期,但幸运的是,由于我认识荷欧波诺波诺,所以即使身为母亲,也可以好好地照顾自己,体验到任何问题时,都可以选择进行清理。我不需要思考如何变得更轻松,不需要未知的未来,也不需要压抑自己目前感受到的辛苦,只要针对自己是母亲、单亲妈妈的这件事进行清理。

当小孩不听话时,我经常没有进行清理就对小孩大吼大叫,而使自己体验到罪恶感。我在上个别课程时,也经常有人提到这件事。荷欧波诺波诺认为"想要成为最棒的父母，你必须是对内在小孩而言最棒的母亲（尤哈尼）"，这一点与你想要成为最棒的恋人、朋友、女儿、上司是一样的。不管你如何竭尽所能地付出，只要你不是自己的最佳照顾者，别人就只能透过名为"记忆的雾玻璃"来看待你。

与内在小孩有强烈联系的人，可以和身边的人、物品，以及其真实自性相处得非常融洽，可以学到应该学的、付出应该付出的，使对方可以随时在平静之中过得非常自由，这些都是顺从灵感行动所得的成果。

我随时都在清理身为母亲的痛苦，于是每天都能以全新的心情去看待孩子们的成长。孩子们的模样每天都在改变，陪在他们身边的我也一直在成长，得以不停进行清理。

但并不是只要进行清理就不会遇到任何问题。儿子长大的过程中发生过很多事，还曾经因违规停车被开罚单，让身为母亲的我气得在法院里大吼大叫。但我只是一直进行清理，让思绪与情感得以保持平静，不管何时，都能在那个瞬间再次回到清理。这对身为人类的我而言，是最重要的一件事。

让亲子关系往爱的方向发展

身为"母亲"的我们,也身兼孩子照顾者的角色。从自己成为母亲的那一瞬间起,就必须开始照顾以自己孩子的身份出生于这个世界上的存在。此时,清理"母亲"这个立场是非常重要的。

具体来说,清理母亲这个立场的做法非常简单。当你体验到自己身为母亲的瞬间,例如带孩子到幼儿园、照顾孩子、孩子叫你"妈妈"或自己察觉的时候,就算只是在心里念着四句话也没关系。

孩子本来就身处于神圣的存有身边,这个存有是孩子本身拥有的,接受这个事实是很重要的。我们大人所能为孩子做的,就是竭尽所能地爱他、照顾他,并将他放回原本的位置。

不管是自己或孩子,都必须分别将自己的存在视为一个完整的"灵魂"。父母越是想拥有孩子，就越是剥夺其内在小孩的自由，使他将原本完美的存有隐藏起来，而这同时也会发生在父母身上。灵魂的自由被剥夺之后，就会重播记忆，因此就发生了问题。

想要解决问题，你所能做的就是清理。如果你是孩子，就清理与父母之间的关系；如果你是父母，就清理与孩子之间的关系；如果你有丈夫、妻子、伴侣，也一样清理与对方之间的关系。

我们当然是打从心底爱着孩子，请先认清这点，并将它当作体验来进行清理。请不用担心，进行清理并不会使某些东西消失。虽然清理房间的时候可能会丢弃当时认为不需要的东西，但是也会找到消失很久的东西，并且得以将它整理到正确的位置。这一点与整理房间一样，只要进行清理，就能将记忆送回正确的地方。这么一来，自己的内在也会产生变化，即使采取同样的行动，也会获得不同的结果。

某种意义上来说，亲子之间只要进行清理，在潜意识里就能取得对等的关系。虽然你们在这个瞬间表面上是亲子关系，但可能在不断重复的过去某一段时间里，你的孩子曾经是你的主管,或是你曾经是他的老师也不一定。虽然我不知道你们以前是什么关系、发生过什么事,但我们却正在重新体验亲子关系之间的障碍,那是肉眼看不见的。

当我们站在父母的角色,把爱投注在孩子身上、尽最大的能力提供最好的环境,可是却得不到孩子的回应时,那是非常痛苦的。但是,体验到"痛苦"的原因都是记忆的重播,因此你可以进行清理。或许他曾经有过身处于被安排好的环境里表现自己的才能却被人憎恨、受到惩罚的记忆,所以现在也不敢表现才能。即使身为父母的你不知道孩子与过去的自己发生了什么事,最重要的是依序针对自己、成为问题显现出来的孩子进行清理。意识并不知道哪件事情与这些问题相关,但不管对方是谁,只要自己处于经过清理的状态,双方相处时就能看到彼此真正的模样(零的状态),而双方的关系就会朝着充满爱的方向变化。

"爱"就是"自由"。不管你是家族的一员或身为父母、子女,只要在完美的状态下将该做的事做好,自然能够得到该得的东西。

零极限的育儿法则

"你知道你的孩子为什么生来当你的孩子吗?是为了让你烦恼。"修·蓝博士经常对身处母亲立场的人这么说,而对于身处孩子立场的人,他也会说一样的话:"你知道为什么你的父母会成为你的父亲与母亲吗?那都是为了让你烦恼。"

这样的说法听起来或许太过偏激,但修·蓝博士所说的烦恼,在这里指的是为了让你清理的意思。虽然不知道你们之间过去发生过什么事,但你的孩子重新给了你一个机会,让你放下过去没有清理干净的记忆。

请大家再回想一下,这表示我随时随地都在为自己进行清理,而不是为孩子进行清理。不论何时,内在小孩都只会为了意识协助我们进行清理,而不是为了任何人。如果没有内在小孩的协助,就无法彻底进行荷欧波诺波诺的程序直到最后。

例如孩子的升学问题，表面上看起来是孩子在体验考试，但若从荷欧波诺波诺的观点来看，则是自己在体验孩子考试这件事，所以要为自己进行清理。如果朋友来找我商量孩子考试的事，这时来接受商量的人是我，所以我会针对这个体验进行清理。请不要忘记，清理是随时发生在自己内在的。

至于要如何清理自己的体验，最好的办法是依照自己的自由灵感来进行。我个人的灵感如下：

希望孩子进入好学校的动机

对社会感到不安的体验

升学所必要的东西

关于孩子进入补习班，自己的意见和想法

补习班的名称

补习班的地址

孩子的姓名

希望孩子考上的学校

学校的地址

对于孩子升学所体验到的事情（例如丈夫的反对）

（列清单的过程中所出现的体验与想法，也都包含在清理内容里）

你可以将所有的事情综合起来进行清理，但最好能针对每个瞬间、每一件事情进行清理。在清理的过程中，内在小孩可能接着会让你体验到婆媳问题、与邻居之间的纠纷、遥远国度的经济新闻等。虽然不知道下一步会出现什么，但好不容易才产生这么自然的清理过程，所以顺势而为是很重要的。不要以为"这件事与补习班的问题没有关系"，所有展现出来的都是记忆的重播，你所要做的就是进行清理。

这么一来，意识就能发现一些事，例如问题获得控制或其他的事情得以解决，但也有一些是意识无法发现的，结果就交给神圣的存有。或许因为你针对目前体验到的升学问题进行清理的结果，而使某位亲戚的疾病获得痊愈。相反的，当你针对今天在电视新闻看到的交通事故进行清理，或许也可以为孩子开创安全的出行道路。即使我们不知道宇宙的法则，但却拥有"清理"这个最大的工具，我们只要实践即可。

有一次我与修·蓝博士在卡哈拉海滩散步,看到一部警车从海岸上经过。我在这里住了几十年,第一次看到这样的景象,感到非常惊讶。回到停车场后,博士坐进副驾驶座,在我打算发动引擎的瞬间阻止了我,并对我说:"你有没有针对刚才的体验进行清理?"

这时我才惊醒并体验到,啊,原来是这么一回事。

清理自己的体验是非常重要的,我们不需要知道会有怎么样的结果等着,只要针对每一个自己的体验,一边说"我爱你",一边进行清理,就能以自己原本的模样与神圣的存有取得连结。

孩子给我们的,是清理的机会。爱孩子爱到不能自已、孩子哭个不停、担心孩子、没有做父母的资格、孩子不听话、孩子受疾病所苦、孩子不肯上学……这些透过生来作为你最爱的孩子所遇到的各种体验,身为父母的我们在进行清理的过程中,将长年以来累积在自己内心的记忆一个一个剥离。

结果不只我们,同样的状态也会发生在对方身上,我们都可以回到神圣的存有身边。在完美的状态下回到本来应该存在的地方,原本应该做的事就会在完美的时机被完成。

当孩子惹麻烦时,做母亲的当然会感到痛苦。原因在于几个世纪之前的自己的内在,因为我们要把这个当作是最终显现出来的问题,并且马上进行清理。这是一件很困难的事,但如果你察觉一个已经腐烂的三明治出现在零乱不堪的大包包里,应该会想"还好我发现了",然后把三明治丢进垃圾桶里吧!同样的,这是一个很好的机会,终于可以放下那些无意识的状态下累积的记忆。

这些年来我一直是个母亲,或许并不完美,应该也给了孩子许多想法与体验吧!但是,不管我心情好或不好、经济状况稳定或不稳定,都会一直针对母亲这个体验进行清理。当我体验到单亲妈妈、教学参观、兄弟吵架、无法买孩子喜欢的玩具给他、叛逆期、与其他家庭比较等各种状况的时候,我都会进行清理。令人欣慰的是,因为这么做,使大家都能平安的度过这些时期。

在荷欧波诺波诺的程序里,清理罪恶感是非常重要的。我曾经有过不得已在上班时将年幼的孩子留在家中的经验,那时大儿子约九岁、二儿子约四岁,刚开始看起来没有什么问题，但我却突然感到不安。"如果是其他家庭，应该无法认同这样的做法吧！"我的心里开始感到纠结。于是我清理这样的体验、孩子们的姓名与年龄、社会常规，借由这些动作回到平常的自己（我不在家的时候，都由孩子们准备需要的东西），能够以平静的心情外出工作。那天稍晚回到家之后，我发觉正因为当天的那个时间我不在家里，使孩子们的手足关系更加协调，得以发挥个别的才能，并有所成长。虽然是微不足道的事，但是他们的内在却孕育出某种言语无法表达的东西，而我也由衷的体验到对孩子的尊敬与爱。

如果没有借由清理放下当时体验到的情感，那么即使我的肉体离开家，也会因为记忆的重播使灵魂挂念着家里的状况。这对彼此来说都是不安全的，而且也无法给孩子们带来好的影响。前提是因为我们都带着肉体出生于这个世界，因此必须保持自己和孩子的身体安全，可是如果不借由清理放下担心与执着，痛苦一定会在某处再次被重播。养育子女、恋爱、各种人际关系都是一样的。

父母所能给孩子最好的礼物，就是借由清理使自己归零。这么一来,孩子们才会自由,才能回到本来完美的存在。透过清理将孩子送回到神圣的存有身边,是父母所能给孩子最伟大的爱,这也是莫娜教导我的育儿法则。

Q&A：如何教养孩子？

Q：我的孩子不愿意吃饭，真的让我觉得好累，而且我不知道如何爱孩子，也不知道该如何拿捏教养分寸。学习荷欧波诺波诺之后，我可以理解孩子有其真实自性，那么是不是该放手让孩子自由发展呢？

A：这样是不对的。再向大家重复一次，身处于某些问题发生的地方，都是自己本身的问题，这些问题是你心中的内在小孩显现出来让你看见的，原因来自于你心中一直未加以清理、累积多时的记忆仓库里。首先，你可以做的就是清理，接着便可以从这里开始。孩子确实有其真实自性，而你借由孩子所体验到的，都是你心中记忆的重播。

许多人一边学习荷欧波诺波诺，却一边不停地想要跳下自行车。或许是害怕内在小孩最后会让他听见的声音，不想看到内在小孩让他看见的；又或许是因为无法如他所愿，或是感到疲累了。但请你再回想一下，如果曾经想过要再清理一次，那么希望你能得闲骑上自行车。

清理不需要在任何意志或目的下进行，只要踩下踏板即可。当你不停踩着踏板、进行清理之后，你就可以从那些所拥有的、所能做到的东西里，给予孩子应该给他们的部分。你勉强自己或认为这就是母亲的职责，而将自己推入看不见的死胡同里，对你的内在小孩来说，就是一种虐待，你没有牺牲自己。

每当有人找我商量教养子女的事情，我都会告诉他们："首先，请你好好保护自己。"

在想着如何处理孩子的事之前，请先清理你的内心。我们是带着这个身体出生于这个世界的，而非只有意识。好好保护自己的身体，就是细心呵护自己的内在小孩。

这么一来，内在小孩就一定会将接下来必须清理的事情展现在你的面前。如果母亲教养子女时牺牲了自己，那么你带给孩子的就是"牺牲"。当你在教导孩子的时候，就等于是教导他们"必须牺牲自己"。母亲担心孩子不吃胡萝卜无法获得均衡的营养，挂心孩子的健康，但给予孩子的却不是胡萝卜，而是"牺牲"。

其实孩子们都看得很清楚，即使是睡觉的时候，他们也都在聆听。荷欧波诺波诺回归自性法的基础课程是零岁以上的小孩就可以参加的，有时孩子坐在椅子上睡着了，父母努力想将孩子叫醒，这时修·蓝博士会阻止他们说："孩子虽然在睡觉，但却比清醒的你们听得更清楚。"

虽然无法一言以蔽之，但是小孩与潜意识之间的连结似乎比大人更强，所以能够比你更清楚地听到你的内在小孩在说些什么。例如小孩戳你的眼睛，你大声斥责他，如果你没有进行清理，孩子就只会听见内在小孩在没有受到仔细呵护状态下的声音。等孩子长大后，也会以同样的方式对待他人与自己。如果身为父母的你可以爱惜自己，并仔细清理那些借由孩子所体验到的事物，那么就能以父母的身分斥责孩子。

"牺牲是不会产生任何东西的，一定要随时爱自己。"这是莫娜对当时忙于养育子女的我所说的话。

每个人同时都有数不清的立场，可能同时身兼母亲与妻子、有工作、有家庭、需要培育植物、身为自己父母的孩子等身份。因为遇到养育子女方面的问题，强烈地想要仔细针对这部分进行清理，那么更需要在每一天清理自己身为人的每一件事物。莫娜告诉我："公司、家庭、收入来源、与邻居之间的关系、电视新闻、路上发生的交通事故、车子出状况，这些事情都要一一进行清理。"

举例来说，某天你感到非常气愤，但是没有清理就回家了，之后煮饭给孩子吃，那么这些食物就会传达"愤怒"给孩子。职业妇女更需要清理，如果没有将公司里强烈的想法、情感或自己的痛苦清理干净，就会影响到孩子。丈夫出外工作的家庭主妇也是一样，如果你的丈夫不知道荷欧波诺波诺，只要你自己进行清理就没关系。还有，建议大家仔细清理自己的家。

另外像是承办重大刑案的警官，以及在收容重大伤病患者的医院上班的医生与看护人员、医院员工、去探病的家属……如果没有进行清理就回家，那么除了这些人，他们的家也将背负着记忆，使生活在这个家里的每一个家族成员都受影响。我曾经在为客户进行身体工作之后，没有清理就和孩子接触，并触碰某些东西、开始做某些事情，而受到莫娜非常严厉的指责。因为不进行清理就从事某些事情，就好像一整天东摸西摸，吃饭之前却不洗手一样。

宇宙里没有秘密，

某个人正在某个地方倾听你所说的话。

如果这个地球上的某个角落里有人提出了什么疑问，

那就表示你的心里也有这个疑问。

如果这个地球的某个角落里有人在哭泣，

那就表示你的内心里有感觉到悲伤。

如果你不进行清理，只是持续憎恨着某个人，

地球上的某个角落里一定有人听见了这件事，

一定有某个人因为这段记忆而感到痛苦。

所有的一切都在自己的内心里，所以首先我们要扫除自己的内心。做法非常简单，只要进行清理即可。你将会发现你自己、身边的人、事、物，都会在最适合的时机点，出现在最适合的地方。

KR 与吉本芭娜娜之零极限对谈

KR：最近我们的家族多了一只大白狗。

吉本芭娜娜（以下简称吉本）：多了一个家人呀！

KR：是一只白色的狗，叫作奶油，什么东西都放到嘴里咬。对了，我也要教我女儿读你的书，她今年 32 岁，有两个小孩，年纪较小的那个孙子已经十岁了。

吉本：你夏威夷的房子里有好多玩具，是这些孩子们的吗？

KR：是啊，那里已经变成孙子们的游乐园了。

吉本：小孩最喜欢那样的地方了，一定到处跑来跑去吧？上次我儿子到夏威夷，去你家玩的时候也说："我不要回去了，这里比饭店好玩。"

KR：是啊，那里的院子很大，还有小狗，我的孙子们也经常在那里跑来跑去。

吉本：不管狗再怎么吠，我儿子都不怕，所以他也不怕你家的狗，玩得很开心呢！

KR：你说你养了五只不同的动物，是哪些动物呢？

吉本：有两只狗、两只猫和一只乌龟。

KR：哇，好厉害啊！我女儿养了两只鹦鹉，非常爱咬人喔！明明长得那么小，却很爱咬，还会呱呱呱地叫，所以有时候我们会给它一点小小的惩罚。（笑）它很喜欢我常戴的这条项链，常常啄上面的珍珠。

吉本：对啊，小鸟一定很喜欢这个形状的东西。

KR：我也养了乌龟，它总是舒服地在水里游泳。

吉本：我家养的是陆龟，当我工作的时候，它就会跑到我的脚边睡觉。以前我养了一只很大的陆龟，后来越长越大，还弄坏了我租的房子，害我被房东骂，所以我就把它送到朋友家。它很聪明，还会等在冰箱前面要东西吃。肚子饿的时候，就到蔬果室前面一直等着。

KR：哇，好聪明喔！

如何找回真正的自己？

编辑部：目前日本有越来越多人因为各种理由而失去了生存的目标，想请问两人对这件事的看法。

吉本：在日本感觉时间过得很快，我认为这应该是失去生存目标的原因之一吧！不知道为什么，日本与夏威夷等地方完全不同，时间过得好快。看着时间飞快地走着，却仍然有许多事情让我们感到寂寞。像是某天突然发现自己已经30岁了，但心境上却还是个小孩。当我们处于一种身体与心灵的成长无法顺利连结的状态时，就会开始担心"接下来应该怎么办？"，然后变得焦虑。

接着就会有很多人因为失去生存目标而感到罪恶。其实，真正的原因不在于个人，部分原因是因为整个社会组织运作得太快了。关于这件事，这本书已经告诉我们，自己可以做些什么。

KR：你说的这些话，有如一股美丽的清流流进我的心中。时间飞快流逝是身处目前这个社会的多数人所持有的体验之一。我自己30岁左右的时候，并没有时间过得太快的体验，但是却常听到32岁的女儿喊着时间过得好快。

荷欧波诺波诺最美好的地方，就是让我们回到真正的自己，并且发现自己的可能性，重新找到意想不到的自己。就像现在有机会与你进行对谈一样，让我体验到目前这个瞬间发生不同于日常生活的事情，就会有某种东西自然地展开了。

至于刚才你提到感觉这个社会的时间过得很快，不论自己怎么努力也改变不了。其实不管身处于怎样的状况，只要进行荷欧波诺波诺的程序，就可以将自己的意识与潜意识连结在一起，然后回到"真正的自己"。

吉本：是的。

KR：我很幸运在19岁时认识了荷欧波诺波诺，对于这点我心存感激。虽然不是所有的一切能完美地照着自己的意思发展，不过自从这个世界开始以来，我自己所体验过的所有过错、后悔、痛苦，都在今天这个瞬间以"谢谢你、对不起、请原谅、我爱你"进行忏悔、原谅、转化，这真的是很棒的一件事。

自己已经发现的过错与后悔，甚至是意识还不知道的事情，可以借由事前清理而放下，也就是可以原谅。就像你借由写书自我反省一样，近四十年以来，我也借由荷欧波诺波诺的个别课程进行内省。透过现在眼前的工作与职务，尽可能回到自己是很重要的。

吉本：我大约是23岁时进入社会的，也经历过很多事情，有好的，也有坏的。为了凭自己的力量解决问题，尝试过种种方式。首先，我试着隐藏自己不让别人看见，例如故意穿上不符合我的风格的衣服外出。像这样隐藏真正的自己，表面上即使可以获得解决，但无意识却累积了某些东西。借用KR的讲法，就是内在小孩受到了伤害。如果没有练习与内在小孩取得连结，就会逐渐变得无法与他对话，所以我思考了许多关于与内在小孩取得联结的事情。

一般人都以为心里较高的人格是位于距离身体较远的这个地方（一边指着头顶），但是如果讲到肉体的部分，应该是在这里（一边指着肚脐以下的下腹部），也就是一般称为丹田的地方。可是现代人都认为这里（头顶）是主宰自己的部分，所以无法和位于丹田这边的纯真且高尚的自我取得联系，于是与真正的自己渐行渐远。但是，只要曾经想过真正的自己是位于自己之内，我认为就能逐渐取得连结。只要曾经想过这件事，就不会白费力气地以大脑思考，而变得越来越轻松。

KR：这样解释非常容易理解！

吉本：呵呵呵。（笑）

KR：以前我也浪费了很多时间。（笑）

吉本：年轻的时候多浪费一些时间来换取经验或许不错，不过现在的人可能即使到了四、五十岁，还是会靠着头顶思考，而忙得团团转。所以，如果能进入自己的内在，一定会对其宽广无边感到非常讶异。

如何清理身为女性的自觉？

编辑部：吉本芭娜娜平常都是什么时候会实践荷欧波诺波诺呢？

吉本：不管发生什么事，就是先进行清理。就只是这样，并不是因为期待清理后会变得如何而做。

从前的日本人会借由念佛或曼陀罗回到无意识状态，并重复实践，所以他们容易接受荷欧波诺波诺。但现在的年轻人很容易发生这样的问题，例如当男朋友说"我觉得你头发留长比较好"或"不要去爬山，我们去海边吧"时，日本的年轻女性通常不会说出"我就是喜欢短头发"或"我比较希望一起去爬山"，我想这也是过去的记忆重播所致。

KR：因为自己内部的记忆重播，所以无法向前走。

吉本：这么做，即使或多或少会有一些冲突，但是却可以让两个人的想法更加一致，不过大家却不这么做。这可以说是日本女性的记忆,当然其他国家也会有这样的问题。

KR:是呀,这也存在于美国文化里。

吉本:所以要清理"身为女性的自觉",我觉得荷欧波诺波诺对这一点特别有效。

KR:说是"女性",其实也包含了男性内在的"母性"部分。

吉本:我认为男性所拥有真正的体贴就是"母性",太宰治也说过一样的话。可是现在的社会里,男性越来越难表现出贴近母性的体贴了。

男性所拥有真正的体贴,跟女性的体贴点有点不一样。例如当女性工作太忙时,会说:"为什么我的工作会这么忙?我想休息!"这时如果是女性朋友,就会告诉她:"那我们去吃些美食吧!"或"你需要去旅行,好好放松一下。"但男性所拥有真正的体贴,则是不发一言,装作什么都没有听见,并且背着她努力工作,不主动提起这件事,只是做好不论女友何时离职都无所谓的准备。不过,我觉得现在还是很少有能让男性表现出这些特质的环境。

KR:如果真的有这么体贴的男性真是太棒了!(笑)

吉本：啊，这里有男生！（一边笑，一边指着房间里唯一的男性工作人员。）

但关于这一点，我想金钱的问题还是很大。现在我们需要思考的课题中，金钱问题是其中之一。

KR：是啊。个别课程里这样的问题特别多。

吉本：以各种层面来看，我觉得大家对金钱的态度已经成为现今的社会问题了。这本书里也有相关的内容，我觉得很棒。也就是说，解决这些问题的方法不是赚钱，也不是过着没有钱的生活，而是清理。

KR：感谢所有清理的机会，虽然大家都是共同拥有记忆，但是每个人体验记忆的方法都不一样，因此用自己的语言来倾听现在发生的事情是具有很大的意义的。例如刚才你所说的"金钱"，每个人体验记忆的方法也都不同。

编辑部：吉本芭娜娜接触荷欧波诺波诺的契机是什么呢？

吉本：我也不记得是什么时候了，只记得是别人介绍给我的，而且还是好几个人同时介绍的。不过像这种时候，一定发生过什么事。

KR：是啊，这真是非常有趣。当有一天我们突然发现的时候，眼前就已经为我们准备好道路了，我也经常有类似的体验。

吉本：对呀，就是有这样的感觉，我觉得就是这样。

KR：每个人都有合适接触的时间点，也有可能像你这样在某个时候就以很自然的形态接触到。接触我们应该了解的事物，这个力量就在自己的心里。你的心里当然也有这个力量，尤其是当你发现这件事情、将它纳入内在时，力量特别强大。

吉本：现在回想起来，在我认识荷欧波诺波诺之前，自己就已经用不一样的方式进行着类似的行为了。当然，当时并不知道该如何表现这件事。该怎么说呢，以前我还觉得是不是自己的头脑怪怪的。(笑)

例如我曾经在住进老旧的旅社后，感觉房间很恐怖或有很多人在这里发生纷争，于是从外面摘一片叶子放在房间中央，或是将温泉水倒进杯子、放在房间里。而且不是放在桌子上，而是镜子面前。我自己也不懂这个道理，所以才觉得自己的头脑是不是怪怪的。

即使如此,我还是觉得只要有效就好了。后来,某天看到荷欧波诺波诺的书,里面写着完全一模一样的内容,我才安心地想:"啊,还好不是我很奇怪。"

KR:在我认识荷欧波诺波诺之前,也有过一样的体验。

其实,对自己最自然的律动才是最重要的。我从你的作品里,也可以感觉从这种自然律动所产生的自信与柔和。每次读你的书,都觉得你清楚地用语言表达出人类的思考方式与内心里发生的事情,让我感觉自己能诚实地面对自己。那是在自己对自己真正客观、正视自己的潜在意识与意识如何进行交流的时候,才能够初次见到的世界。

吉本:谢谢你。

KR:我们平常也经常为自己设限,而看不见限制以外的部分。但其实只有维持开放、诚实,才能身处于解放自我的状态。荷欧波诺波诺也是如此,当你告诉自己"尽管变得自由吧!"并将门打开,不管什么时候,都可以从宇宙获得许多东西,并成为自己的养分。

持续清理却感觉不到变化时,该怎么做?

编辑部:有些人虽然持续进行清理,但是却觉得"什么都没有改变"或"感觉不到变化"。

吉本:我是个非常现实的人,而且我觉得现实对于生存是一件很重要的事,所以当我外出旅行时,感觉某个地方奇怪时所采取的行动,或是实践荷欧波诺波诺时,最重要的就是现实上的"有效"。有些人一听到现实上的有效,马上就会联想到金钱或富裕的生活,但我觉得这样非常贫乏。我的意思是说,现实上有效,指的应该是内在的满足。

在进行人际关系的清理时,就好比用超声波交谈的海豚一样,越早有回应的人就是距离自己比较近的好人。但如果经过清理之后,记忆仍不断从最底部冒出来,无法改善人际关系就会非常自然地逐渐远离,例如突然搬家等。

相反的,有时经过清理之后,对方就突然改变,变成对自己而言非常棒的人,所以对我来说,清理就像是超声波一样,是我衡量人际关系的标准。这么说很容易被误解,不过我觉得是非常合理的。

KR:谢谢你这么完美的解释。如果内在不进行反省,是不可能表现于外在的。

吉本:但是通常大家像这样关注内在的时候,都会对自己没有信心。如果有人自信满满地认为"我想的绝对是对的",那也很奇怪。所以对于那些肉眼看不见的东西,自己的衡量标准就是清理了。

KR:一点都没错。清理可以将在自己内心发生的、肉眼看不见的部分转变为可以测得存在的。问题不在于自己的外在,而是在于自己的内在。

吉本:嗯,我觉得这就是最了不起的地方。就好比世界上有很多解决问题的方法,例如在头上接电极进行静心,或是说一百万次"谢谢"。

虽然还有很多方法,不过还是荷欧波诺波诺最不会让人白费力气。我个人比较不喜欢做白工,但也有人喜欢多花一点工夫。我想这是因为每个人的喜好不同,不过对我而言,清理是很自然的方法。

KR：虽然一开始会干劲十足地说："我会加油！"不过之后还是会很累啊！

实行荷欧波诺波诺可能会发生各式各样的事情，不过意识是无法掌握到所有实际发生的事情的，就连我也一样。

吉本：当我们无法判断何时该结束人际关系时，就好比把花插在花瓶里，虽然只要在水里剪枝，花就可以维持比较久，但不管在水里剪多少次，都会有一定的极限，再往下剪也没用，不久后还是得跟它们说再见。人际关系也是一样，虽然借由清理可以看清楚现实世界，不过还是会有一种再往下就不由自己决定的感觉。

有一点希望大家不要误解，有些人会误以为当人家拿刀来侵犯你时，只要进行清理就没事，但事实上有些时候并非如此，这本书里对这一点也有很清楚的解释。

我之所以这么说，是因为担心有些人在读了修·蓝博士的书之后，会依据字面涵义，以为哪天快被杀死了，只要进行清理就可以解决。因为修·蓝博士的体贴，就是刚才你说到的那种男性所具有的母性部分，所以不会说太多不必要的事,但是KR就会站在现实的角度,叫我们找警察来,因此可以很清楚了解荷欧波诺波诺是怎么样融入现实世界里的。

KR:对呀,并不是做完清理之后就结束了,重要的是现实地面对当时所发生的事情。每个瞬间都进行清理,并采取行动,需要逃跑的时候要逃跑。

吉本:是的。因为我担心荷欧波诺波诺这部分受到误解,所以才提出来讲。

KR:谢谢你让我发现这一点。

如何与物品、土地、植物相处?

编辑部:请教两位平时在和物品、土地说话与清理时,需要注意什么事?因为我每次都会忘记。

KR:清理是人生中的选项,每个人随时都有选择要不要实践荷欧波诺波诺的自由。因此,也可以反省完、做好准备之后再开始。

例如我手上这本吉本小姐的《无情／厄运》也不是单纯的物品,而是一个具有意志的独立真实自性,因此在进行清理的过程中,很自然地会逐渐感受自己对于这个存在所抱持的尊敬与尊重。

土地也是如此。当我们尊敬这个具有意识的存在时,就能放下肉眼看不见的自己、所有与这片土地相关的障碍。而给予我们这个机会的,正是清理。例如当你在看房子的时候,如果一进屋就对着天花板说:"我不喜欢这个天花板,好旧喔!"房子听到这句话是会受伤的。不妨换个方式说:"天花板呀,你已经旧了,需要帮你重新整修吗?"两种方法的结果或许一样,但心态却是不同的。

又例如,当我们因为树木老朽可能造成危险,或是染上某种病虫害必须砍掉时,不能只是将树砍掉,应该站在将对这个存在进行某些行为的人的立场,并做些像是询问之类的动作。如此一来,就能放下心里与树木共有的记忆。因为两者都是具有生命的,因此可以毫无痛苦地送走它。

吉本:这么说来,所有与物品、土地、植物的关联,最终都是为了我们自己吗?

KR:是的!

吉本:当我仔细地看着某些物品时,经常会想到每一件事物之间的联系有多么紧密,有时还会觉得毛骨悚然。

回到刚才的话题。我是一个很敏感的人,常常直觉反应"不喜欢这里、喜欢那里""这里好悲伤喔""总觉得不想碰这个东西"……几乎每一个人都会跟我说:"你太敏感了,应该更随性一点。"并建议我"去磨练你的心智""去做瑜伽""多走路有益身心"等,不过也有人告诉我:"你可以多多发挥敏感的部分。"不管怎么样，我都会觉得这样好随便，又没什么效果。这就像是在对自己的小孩说："你太敏感了，要变得更强才行！"然后明明他想画画，却送他去学柔道一样。于是我开始不去在意别人的意见，只是观察周遭的事物，结果就联想到很多事情。例如这杯咖啡要在什么时间点喝完？让我打翻杯子的真正原因是什么？说不定是来自早上按掉闹钟时的感觉。虽然所有的事情是如此相互联系着，但如果每件事情都必须这样去联想，那真的会变得怪怪的。（笑）正因如此，我们唯一能做的，就是谨慎地面对每一个瞬间。这并不是指"这杯咖啡什么时候会喝完？之后又会怎么样？"这些事情，而是要有自信自己能在最完美的时间点，完美地做完某件事情，这一点非常重要。

要做到如此，我觉得注意到眼前的某些东西，对自己来说是很重要的。例如出门前想穿绿色的袜子，但是一时找不到，因为怕麻烦，所以就穿了别的袜子出门，没想到这点小事却让自己在和恋人见面时丧失自信。所有的事物都是这样构成的，所以早上当我听见绿色袜子说希望我穿它，或是内在小孩告诉我想穿绿色袜子时，即使会迟到三分钟，我也会找出那双袜子，我想应该就是这样的感觉。

KR：这真是清理每一件事情的好例子。因为你正处在"目前这个瞬间"之中，所以能听到内在小孩与物品所发出的微弱声音。我好喜欢你举的这个例子。

吉本：不过人类是可以靠自己的意志做到某些事情的，例如我现在穿灰色袜子，就算绿色袜子在家里哭泣，我也可以说："我一点也不在乎！"虽然可以这么做，但总觉得不太对劲。其实是因为内在小孩受到忽略，自己一点一点的受伤，跟割手腕自残没有两样。或许有人会觉得哪有这么夸张，但是律动就是这么重要，直觉就是这么值得信赖。

编辑部：很多人都努力想要发现内在小孩的存在，拼命想要听到内在小孩的声音，但是做不到该怎么办？

吉本：如果没有快乐与自由，不管什么都无法持续下去。而且不管再怎么烦恼，大家都还能住在房子里，每天也都有饭吃。所以我觉得不需要想那么多，大家都太拼命了！

KR：像这种拼命的时候，内在小孩还是只有一个人独处，所以此时更要仔细地进行清理。

例如我非常害怕坐飞机，虽然进行了清理，但后来是因为孙子帮我把《马达加斯加》《怪物史莱克》等卡通影片存进 iPod 里，才让我可以在坐飞机的时候，开心大笑地度过这段时间。原本这段时间对我来说是最糟糕的，不过现在却能尽情地享受，这对我来说很重要。很多人都会自我设限，觉得某个年纪应该看某种类型的书、某部电影，某部电影应该是给小孩子看的等，但这些对我来说都无所谓。

吉本：一点都没错。

KR：年龄也是可以进行清理的体验之一。因为对年纪、国籍的想法与看法也是记忆的重播。像我去日本和大家相处的时候，得到了很多深受感动的体验机会。那里有各种不同的人，有自由自在的人，也有愁眉苦脸的人，但大家都很认真地听我说话。

荷欧波诺波诺是一个不论在何处都可以使用的程序，就像你刚才说的，不管发生什么事、在什么地方，都是对当时的自己最有效的方法。

为什么快乐很重要?

编辑部:芭娜娜认为日本人是怎么样的人?

吉本:我认为本来的日本人是很喜欢快乐的,但最近我常想,真希望我们能找回这样的想法。我觉得日本人总是可以从很小的事情找到快乐与优美。我每次出国时都会想:"日本的冲水厕所真是太完美了!"而感到非常感动。

KR:这真是很棒的体验,我也有同感。

吉本:我觉得我们可以更以这一点为荣!希望大家更有自信地告诉全世界:"请到日本来玩。"

编辑部:你觉得为什么日本不以此为荣了呢?

吉本:我也不知道,或许是快乐的事情变少了吧!应该是说,看起来很快乐的人越来越少了。我到国外时都会发现,走在路上就可以看到很多快乐的人。当然,每个国家也都会有很多光是走在路上就很生气的人,但同样的,还是有很多光是走在路上就很快乐的人。

KR：是啊，像夏威夷就可以常常看到喔！出国时，我虽然听不懂大家在说些什么，但感觉就是会笑出来，包括日本也是，我也可以从你的存在感觉到快乐与幽默。你认为快乐是什么呢？

吉本：我很少想到这件事，（笑）但是我知道强迫改变自己的想法是没有意义的，而且也很浪费时间。我总觉得我们的情绪与每一件事情都一定会在某个深处有所联系，不管笑得多开心或心里在生气等，在深层之处一定会与对方是相通的。

我有一个夏威夷舞老师，她长得非常漂亮，却因此突然被人打。但她看起来还是很快乐，即使骨折了也很快乐，就连感冒时也一样。

KR：这也会慢慢感染到身边的人喔！（笑）

吉本：有一次我去夏威夷舞教室，她对我说："感觉今天这里好像有一个很小的我。"我问她："是不是肚脐下面？"她爽快地说："再更下面一点！"然后又说："因为今天这里有一个小小的自己，所以走路时会拉住我，让我走得很吃力。不过跳舞的时候没关系!"听她这么一说,我有种恍然大悟的感觉,原来她是这样跟自己的内在小孩相处的,感觉就好像在说:"跳舞的时候是左右移动,所以很轻松,但是走起路来就碍手碍脚了!"(笑)

KR:呵呵,这种相处的方法真是令人愉快啊!

吉本:是啊,这种相处的方式好像比较好,感觉快乐真的很重要。

KR:每当我觉得自己对内在小孩的感情变淡时,就会很自然地用手轻敲自己的肩膀附近,从这个时候的灵感体验到自由。每个人的做法都不一样,我们的身体与内在小孩是联系在一起的。

那么你在"身体"方面有什么样的体验呢?

如何倾听并回应身体的声音？

吉本：虽然我经常反省并进行清理，但是却没有善待自己的身体，甚至到了忘记身体存在的程度。不过，我认为身体的痛苦几乎等于心理的痛苦，每当我感觉痛苦时，就会发现自己现在对某件事太认真了。所以，随时进行微调是很重要的，一直累积的话，感觉会变得很惨。

KR：意思就是要倾听并回应身体的声音吧！你刚才说的微调，对我来说就是清理。我认为身体是我最要好的朋友，而不只是一个躯壳而已。因为她是具有真实自性的，所以我经常会跟她说话，了解她需要什么。我曾经有过在医院时，身体被当成道具一样对待的体验。大部分人都会将身体当成可以提供自己某种东西的存在，但是我会把自己的身体看作一个客观的存在般对待。

吉本：嗯，这些话很值得参考。

KR：这么一来，就很容易看见必要的处置方式，或是你所说的应该看见的心理状态了。

有一天，我和孙子在院子里玩，我骑着他的三轮车，玩得非常开心，因为没有感觉到任何限制，所以身体也很开心。直到我孙子对我说："快点还给我啦！"我才从心里感谢自己的身体，并对她说："谢谢你让我骑三轮车。"

编辑部：KR女士真是充满朝气啊！像这样子和孙子一起玩，感觉好棒喔！

KR：我认为清理是最重要的。对待女儿也是一样，我不是站在母亲的立场提出意见，而是回到"真正的自己"，消除记忆后才进行对话。如果站在母亲的立场，就会分不清自己应该说的话。或许是因为这样的关系，我的孙子也能开心地与我相处。当然，如果有需要提醒什么的时候，我也会将这当成值得尊敬的真实自性与其进行对话，而不是基于立场与义务。

还有一次，我和女儿一家人到餐厅用餐，与孙子聊天时，一个女服务生对我说："你们是一家人吗？"我回答她："是啊！"结果女服务生说："一点都看不出来，因为你们看起来都很开心的样子。"那时我想，真是太棒了！这表示我的清理进行得很顺利。（笑）你在养育子女这件事上有怎么样的体验呢？

吉本：带小孩真的很辛苦。

KR：是呀！

吉本：带小孩要花很多时间，也花很多体力，当然也会感到焦躁，偶尔也会吵架。

不过怎么说呢，会有这些感觉也是理所当然的吧！事实上，已经存在的东西是无法当作不存在的。带小孩也是一样，是无法用大脑思考的，所以有些人经常会说几岁之前要完成什么目标、几岁之前要结婚和生小孩、要让小孩进什么样的学校等，我反而觉得他们很厉害，像我就没办法想这些事。我每天只是与孩子相处，并且每天都做好多选择。

从孩子还小的时候开始，我就常带他一起外出旅行，很多身边的人对这件事有意见，例如，"让小孩子长时间搭飞机很不好""让他向幼儿园请假很不好"等。还有些人会提到钱的事，例如，"如果考虑到机票费用，请人在家里照顾小孩，你一个人去旅行不是比较好吗?"不过我并不介意这种事，因为我很重视自己想要每分每秒都和小孩在一起的本能的声音。

KR：照顾小孩当然很辛苦，但就像你所说的，这对我来说是很难说明的一件事，而且我们很诚实地接受这件事，我认为这种态度是很棒的。

我也一样会带小孩到公司，外出时也会带着一起，然后就经常被身边的人念叨。但是只要我进行清理、一项一项选择，就不会有太大的问题发生。最重要的是自己的内心非常平静，如果完全按照身边的人的意见去做，光想就觉得很恐怖。像你这样可以鼓起勇气将这些想法化为语言，真的很棒。当我的小孩还是婴儿时，我都是背着或抱着他工作，结果我妈妈就很担心地骂我："这样太危险了，快把他放在婴儿床上！"但我还是一直抱着他。借由清理，我对于自己现在这个瞬间希望表现亲情这件事，是充满自信的。

吉本：不论如何，可以确定的是，带小孩绝对不是口头说的漂亮客套话而已。这是一件很美好的事，但也不是进行清理就可以获得身边的人认同，成为正确的母亲，或是培养出优秀的小孩。这些期待正是应该清理的对象。简单来说，带小孩就好像是穿着一件丁字裤进入丛林一样。

KR：这个说法太棒了！（笑）每个妈妈都非常了不起呢！

吉本：这一点对任何人来说都是不会变的，所以只要把这个当作大前提，就可以开开心心地面对大部分的事情了。

KR：穿着一件丁字裤……我好喜欢这个说法！虽然不知道会在丛林里遇到什么，但是只要进行清理，就是没有任何期待，还是可以成为做好准备的自己。

吉本：我觉得这样比较好，大致上就像覆盖了一层美丽的薄雾。

如何从小事做起？

KR：你在实践荷欧波诺波诺时，遇到过什么问题吗？

吉本：这个问题每个人可能都想过，而我自己也隐隐约约感觉到似乎已经获得解决。因为记忆的根源太深了，不管怎么清理，这个问题本身的色彩与触感却还是没有改变，我想唯一的答案只有继续清理，但这时应该针对自己出生之前或全人类出生之前的记忆进行清理。大部分的人遇到这样的状况都会想逃开，对于这些想逃避清理的人，你有什么建议吗？

KR：谢谢你让我发现这个问题。假设是你正在经历这个体验，那么你的这个体验就是以你想逃离这里的事实存在于此，因此要清理这个体验。说不定这是来自你的前世，或许是人类开始之前的记忆。虽然我不知道是哪一个，不过你应该先清理想要逃离的这个体验。

就如你刚才所说，不管如何清理都不能成为完美的母亲、完美的孩子、完美的妻子，但我们所能做的，就是清理"目前这个瞬间"的体验所产生的事情。像你所讲的，如何有效地实行荷欧波诺波诺是最重要的。

吉本：我懂了。我觉得这对于阅读这本书的每位读者都具有非常重大的意义。大部分的人在进行清理的时候，都不是从小事做起，而是突然从很大的事情开始，正因为如此才觉得厌烦吧！我认为大家可以从较小一点的事情做起，但大多数的人可能会说："我就是因为遇到这么大的问题，所以才要从这里开始。"不过如果能从较细微的地方开始清理，一定能获得某些回应，这样会比较有感觉。

KR：这是真的。从这些小地方进行清理，会发现或许那个记忆才是与大问题相关联的，或许也可以从这些小地方看到下一个该发现的地方。还有，这些"大的""小的"也只是自己的记忆，荷欧波诺波诺的清理法秘诀在于只要清理自己身边所发生的事情。如果这些"大的""小的"是发生在自己心里，那么清理眼前发生的事情才是最重要的。

吉本：嗯，又学到一个大秘诀。

虽然我自己并不完全如此，不过听很多实践荷欧波诺波诺的朋友说，如果不从自己小时候发生过的不愉快的事开始进行清理，就无法开始、无法继续往下进行。

可是有些事乍看之下没什么，但实际上却与某件不相干的事有关，而这个关联也许是个暗示，例如把坏掉的灯泡换掉等。虽然这才是某个人在意的问题的暗示，但很多人却都从大地方开始，例如"但是我婆婆她……""没有消除创伤就无法继续下去""因为家里太小，所以没办法……""我已经不想再感觉什么了……"，然后不知不觉地开始躲在阴暗的房间里，所以我觉得应该要正视这些小的暗示与显现在面前的事物。

KR：一点也没错。我看到了好多清理，谢谢你。与你谈话感觉就像是听你读诗一样，真的是非常美。

吉本：有段时期我曾经想过自己的头脑是不是怪怪的，今天听你这番话之后知道我并不奇怪，真是非常高兴，因为我现在才知道原来也有其他人会这么做的。我甚至有过在别人家里偷偷移动花瓶的经验，只因为花瓶说："我想向左移动三厘米。"（笑)"

KR：如果真是这样，那么头脑怪怪的也是一件很棒的事。

吉本：能够遇到为这样生存方式感到自豪的人，对我真是很大的鼓励。一直以来好多人对我说："为什么这么在乎这些小事？"所以听你这么一说，我真的受到很大的鼓励。

KR：非常高兴能够与你共享这段时光，我从心底里感谢你。

吉本芭娜娜

1964年出生于东京。诗人兼思想家吉本隆明的次女，毕业于日本大学艺术学文艺科。1987年，以《厨房》获第六届海燕新人文学赏出道。1988年，《厨房》获第十六届泉镜花文学赏；同年《厨房》《泡沫／圣域》获第三十九届艺术选奖文部大臣新人赏。1989年，《鸫》获第二届山本周五郎赏。1995年，《甘露》获第五届紫式部赏。2000年，《不伦与南美》获第十届双叟文学赏。她的作品有三十多种语言译本，1993年于意大利获Scanno奖、1996年获Fendissime文学奖、1999年获银面具文学奖等三个文学奖项。另著有《忠狗的最后恋人》《蜜月旅行》《王国》《海豚》《幻影夏威夷》《South Point》《关于她》《橡实姊妹》《喂！喂！下北泽》等。

莫娜与我 2

莫娜最早教导我的，其实是身体工作，我在学习身体工作的过程中一边学习荷欧波诺波诺，并开始体验与实践。有时我会实际接触客户的身体，有时当莫娜在进行身体调理时会叫我独自静心，后来两个人一起静心的机会就逐渐变多了。

或许是自己心中实际发生的某些事情让我接触到荷欧波诺波诺，而非来自知识，这是我刚开始从身体工作中学习到的。当我和莫娜一样进行静心，所获得的并不只是知识，而可以自然地在心中开始实践荷欧波诺波诺，这实在很难用言语来说明。

曾经有一个早上，我醒来后像个傀儡娃娃一样很快地出门，然后比平常早到达办公室。打开门就看见莫娜已经坐在门前静心了。她睁开眼睛，语气平稳地说："太好了，客户已经在等了。"因为我比平常早到,可以在充分做好准备的状态下开始工作。现在回想起来,感觉是莫娜拉着我做完那些事的。

与莫娜在一起时,有非常多类似的体验。有一次两人静心得太久,到了午休时间还没离开办公室,结果电话响了,是一个客户打来的,说他刚从遥远的国家抵达檀香山,希望我们为他进行个别课程。只要有莫娜在,所有事物总是会发生在最完美的时间点上。

莫娜经常清理"时间"与"日期"。她会仔细地看着记事本上每一笔资料进行清理,甚至是几个月后的空白行程,然后虚心地接受从数字、日程、行程上所感受到的事情,即使只是念着四句话也好,现在我也会和莫娜一样清理我的行程。

当时我每天都与莫娜一起进行静心,同时清理实际上在彼此的心里所体验到的东西,并凭借着灵感逐渐完成了"十二个步骤"(课程中所使用的手册)。其中所使用的词藻、段落、页数都是借由清理所决定的。虽然花了很多时间,但是借由清理,一直到完成手册之前,自然而然就做好进行

"基本课程"的准备。修·蓝博士也参与到了这个过程。我知道在清理的过程中所能获得的,绝不只有一件事,而是远远超乎自己所想象的。

于是我们在全世界各地展开课程,荷欧波诺波诺也获得许多医疗机构及联合国的采用。

后记
透过清理发现真正的自己

　　个别课程的目的在于进行清理,并传授荷欧波诺波诺的使用方法,也就是传授清理的方法。

　　清理会先从我的心里开始,因为客户问的问题其实一直在我心里,只是我没有发现罢了,所以我真的非常感谢个别课程带给我清理的机会。

　　每个人都有各自的烦恼与痛苦,像负债、堕胎、疾病、死亡、失恋……但不管什么问题,都已存在我的心中。透过课程,我清理自己,如此一来,客户也会受到清理。在这个程序中发现"真正的自己"的道路,真的是非常光荣的一件事。

　　大家一起进行清理吧!

　　如果客户是住在日本的少女,我便可以在自己家中(夏威夷）清理我心中关于少女的记忆。接着，如果这个少女开始进行清理，日本许多少女也会在心里开始进行清理，就这样在应该发生的地方，将记忆逐渐消除。

我们每一个人在这个世界上都处于绝佳的平衡，也生存在同一个时间点上。

从开始只有课程，发展到个别课程等程序，都是莫娜和我一起发现的。虽然是借由不断地静心所出现的结果，不过我们都能进行很深层的清理。在这个过程中，我的身体、经济与灵魂也才有了可以继续个别课程的基础。

我要感谢宇宙、莫娜、所有进行清理的人、所有的存在，让个别课程与荷欧波诺波诺回归自性法现在仍然得以进行。

感谢大家利用宝贵的时间阅读了这本书。在人生的过程中，我们随时都可以获得活出"真正的自己"的机会。借由学习荷欧波诺波诺、选择清理、参与自己的人生，你与家人、恋人、朋友等所有身边的人事物，都将会有所变化。

当你借由清理放下回忆之后，"自由"就会随时存在于此。不管自己身边的人与环境处于怎么样的状态中，我们都可以借由荷欧波诺波诺回到原本自由且完美的存在，回到你的人生、国家、地球本来的样貌。

　　愿平静与你同在。

KR

案例分享

在荷欧波诺波诺中找回真正的自己

——冯晓琳

在我的生命中,一直有一个很大的问题困扰着我,那就是内心的自卑感。它就像一个阴影一样,挥之不去,常常令我陷入自我批判的痛苦中。

我第一次有这种自卑感,是当我从家乡的镇上来到县城上高中的时候,那时候班级上大部分同学都是来自县城的,而我因为自己是从农村来的,所以不敢融入她们,她们时髦的穿着、自信的谈吐,相比之下常常让我觉得自己很土。开始工作后,我学会把内心的自卑藏起来,用外在的阳光、热情来伪装自己,可我知道自己并没有拥有真正的自信。很多时候,在同事中,在聚会中,或者在学习的课程中,我都觉得自己是最渺小的那个人,我的内心总是在无止尽地播放着批判自己的声音:你怎么这么差劲,你不如她人,她们一定看不起你……我越是这样批判自己,对自己的未来就越是充满恐惧。打工的时候,为了赚更多钱,在上海能够生存下去,能让别人看得起自己,我换了一份又一份工作,但我的生活却越来越不快乐,我甚至到了重度抑郁的地步,开始对生活渐渐失去了信心和希望。还记得有一天晚上,我一个人不知不觉来到徐家汇的天桥上,看着来来往往行驶的车辆和五彩缤纷的霓虹灯,眼泪不禁落下,生活的艰辛,对未来的迷茫,内心的自卑都让我痛到极点,也对自己失望到极点,当时好想纵身一跃,但终究还是没有勇气。

在人生最低迷的时候,我遇见了生命中的第一本书——《零极限》。这本书开启了我和荷欧波诺波诺之间不可思议的缘份,也改变了我整个人生。后来我又陆陆续续把市面上所有零极限书籍全部买回来,每天废寝忘食地读。

从那时起,我从生命的黑暗中仿佛看到了一丝曙光,我开始学会去正视自己,开始意识到这些批判自己的声音,全部都是来自记忆,它不是真的。在书中,修·蓝博士一再强调,我们遇到的所有问题全部都是来自于记忆,而我们可以通过清理来消除掉这些记忆,让饱受问题煎熬的心得到自由。我开始通过不断地练习书中分享的清理方法。每一天,当内在那个批判自己的声音再次出现的时候,我就开始在心里默念"对不起,请原谅,谢谢你,我爱你"这四句清理话语。突然有一天,我开始为自己能够拥有生命,能够来到这个世界而感动的泪流满面,我的内心被无限的感恩充满着……

我开始像零极限系列的作者一样,把实践清理融入自己每一天的日常生活中。我最爱零极限的一点,就是它非常简单,没有很深奥的道理,也不需要要求别人改变或者外在环境改变,而仅仅只要自己开始去清理,我们外在的一切就会发生奇迹般的变化,我知道这就是我所渴望的成长方式。就这样,我开始把清理当作自己的日常习惯,到今年为止,刚好满 10 年。在这 10 年中,我收获了很多清理带给我的奇迹,比如我从迷茫的打工者开始走向创业,找到了自己热爱的事业,成为了自己的老板;从大龄单身女青年,到遇见自己理想的伴侣,组建了家庭,拥有 2 个可爱的男孩;从当初带 1000 元来到上海,住在阴暗的地下室,到现在拥有了财富的自由；从当初那个非常自卑的乡下女孩，到如今每一年都会去好几个国家旅行和学习，通过日复一日的清理，我一点点找回了自信。

每当我看自己现在的生活，我的内心都充满了感恩，对自己生命的感恩，对零极限的感恩，以及对在生活中所有遇到的问题的感恩。KR女士说，每一个问题都是一次清理的机会。当我们把问题看作是一次提醒自己去清理的机会时，我们就会慢慢成为一个百分百为自己负责任的人。当我们学会为自己的生命负起100%的责任时，我们就会拥有很强大的创造力量，这种力量会带给你一切你所渴望的。最重要是，你会借由清理找到真正的自己，活出自己真正的生命蓝图！

最后祝福大家，也邀请大家一起踏上零极限的美好生活之旅！

谢谢你，我爱你！

作者简介：

[美]卡麦拉·拉斐洛维奇（KR女士）

住在夏威夷钻石山山麓，是莫娜·纳拉玛库·西蒙那女士所开创的"荷欧波诺波诺回归自性法"的继承者。在现存的荷欧波诺波诺实践者中，是清理时间最长，而且直接接受莫娜女士指导的少数训练者之一。取得了企业管理硕士学位与按摩治疗师执照，在夏威夷经营不动产，并为实践荷欧波诺波诺的个人或经营者提供咨询与身体治疗工作。与伊贺列卡拉·修·蓝博士合著《内在小孩：在荷欧波诺波诺中遇见真正的自己》。

译者简介：

龚婉如

文藻外语学院日文科、东京家政大学造型表现学系毕业。曾任日商出版社编辑、广告公司翻译，目前为职业译者。热爱旅游、美术工作及马拉松。译作有《三秒钟直达对方的心》《赤朽叶家的传说》《魔王》等。